ESSAI

SUR LA CULTURE DE LA VIGNE

DANS LE DÉPARTEMENT DE L'AIN;

ESSAI

SUR

LA CULTURE DE LA VIGNE

DANS LE DÉPARTEMENT DE L'AIN.

Par

ALEXANDRE **SIRAND**,

Juge au Tribunal civil de Bourg, — Membre de plusieurs Sociétés savantes.

Nec vero terræ ferre omnia possunt.

VIRGILE, *Georg.* lib. II.

BOURG-EN-BRESSE,

IMPRIMERIE DE MILLIET-BOTTIER.

1848.

ESSAI

SUR LA VIGNE ET SUR SA CULTURE

DANS LE DÉPARTEMENT DE L'AIN.

CHAPITRE PREMIER.

I.

ORIGINE DE LA VIGNE ET VARIÉTÉS ANCIENNES.

Quand on veut remonter à la source des choses, on éprouve toujours un grand embarras, et si on a recours aux anciens auteurs qui ont écrit sur la matière, on ne trouve dans leurs ouvrages que diffusion et obscurité. Le merveilleux y tient presque toujours la première place.

D'où provient la vigne que nous cultivons? est-ce une espèce primitive dès l'abord parfaite ou successivement améliorée? est-ce au contraire la vigne sauvage *vitis labrusca,* qui croît spontanément dans nos bois et buissons, qui a donné le jour par un semis fortuit à l'espèce améliorée, type sans doute de toutes les variétés que nous cultivons? Personne ne peut l'affirmer, car on ignore par qui fut propagé le premier plant

1

et comment il fut obtenu. Il est des auteurs pourtant qui regardent la vigne *labruche* ou sauvage, comme étant la source de la plupart de nos variétés vinifères (1). Bauhin et Tournefort, qui sont à coup sûr deux autorités, pensent également que toutes nos variétés viennent de la vigne sauvage, qu'ils nomment *Vitis sylvestris*. Toutefois les botanistes s'obstinent à ne reconnaître qu'un seul type dans nos variétés cultivées ; c'est la *vitis vinifera*.

Qn'importe que l'on me dise que Noé fut le premier qui cultiva la vigne ? Rien ne me le prouve, botaniquement parlant, et puis cela serait que je ne verrais pas comme établi que nos variétés actuelles descendent des premiers ceps cultivés par ce patriarche ! Les uns veulent qu'*Osiris*, surnommé *Dyonisius*, parce qu'il était fils de Jupiter, élevé à *Nysa*, ait trouvé la vigne dans la vallée heureuse ; d'autres regardant Noé comme ayant fait cette découverte, pensent qu'il est le type du Bacchus des Grecs, et peut-être même le *Janus* des latins ; car le nom de ce dernier dérive d'un mot oriental qui signifie *vin*. « Mais, dit un auteur, il n'est pas douteux que nos végétaux cultivés et nos animaux domestiques ont été trouvés quelque part à l'état de nature. »

En raisonnant par analogie et appliquant à la vigne ce que nous admettons pour les arbres à fruits, à savoir une amélioration par semis successifs, accidentels d'abord, puis intentionnels ensuite, la question pourra se résoudre.

Plusieurs de nos variétés de poires proviennent de semis

---

(1) Rozier, *Cours complet d'Agriculture*, au mot *Vigne*.

recueillis dans les bois : or qui les a ainsi produites? Nous n'admettons qu'avec réserve que les sujets en provenant aient été spontanés, c'est-à-dire qu'ils aient surgi de terre, sans un semis préalable et accidentel. Il suit aussi de là que les pomologistes ne font pas autant d'*espèces types* de chacun de nos fruits comestibles, mais ils les regardent comme de simples variétés dérivant d'une source unique et première. Ainsi le poirier sauvage, que Van-Mons regarde comme croissant, lui, spontanément partout, aura par semis de ses graines transportées par l'homme ou par les animaux, produit insensiblement, de semis en semis, les poires que nous possédons. Pour moi, ce que dit Van-Mons est démontré; il a été assez heureux pour constater la croissance spontanée du poirier sauvage; puis il est arrivé à des productions de fruits parfaits par des semis raisonnés et successifs.

Si nous appliquons ces principes à la vigne, ainsi que je le disais, devons-nous reconnaître que tous nos raisins, ceux d'Europe du moins, proviennent de l'origine sauvage de nos buissons dont le semis aura amélioré l'espèce?

C'est une opinion très-raisonnable et que l'on ne peut combattre par aucun raisonnement certain. Dans un récent article, mais un peu bref, M. Méline partage cette manière de voir (1).

Examinons maintenant comment végète la vigne sauvage dans nos contrées. Elle vient naturellement dans nos bois, dans nos buissons surtout; je dois même avouer que je ne l'ai

______

(1) *Vignerons des deux Bourgognes*, année 1848, page 32.

pas remarquée dans les bois mêmes, mais toujours sur les lisières et dans les haies isolées. Elle est commune en Bresse. Il faut à la vigne du soleil, à celle qui est sauvage, tout comme à celle qui est cultivée, et c'est à ce propos que le poète s'écrie :

> *Denique apertos*
> *Bacchus amat colles.*

Rien n'est aussi pittoresque, alors que vient l'automne, que l'aspect du feuillage de la vigne sauvage. Il est d'un pourpre éblouissant et passe successivement de la teinte la plus claire au brun le plus foncé : le disque supérieur de la feuille est lustré, ses dentelures sont très-prononcées et les lobes bien formés. Puis de longues grappes, mais minces et acerbes, pendent aux nombreux sarmens qui s'accrochent à tous les soutiens qui les entourent. Les paysans de la Bresse donnent aux baies de cette vigne le nom de *graisemoute ;* j'ignore ce que veut dire cette qualification, bien que l'idiôme bressan me soit très-familier.

Je n'ai jamais vu de souche de vigne sauvage d'une forte dimension ; je ne dis pas qu'on n'en rencontrerait aucune. Ma remarque tendrait à établir seulement que le fait est rare. Jamais je n'en ai rencontré dans les bois, et si la cause en était due à ce qu'on recèpe périodiquement les taillis, et que la vigne, s'il s'en trouve, est coupée comme le reste, je ferais observer que le pied devrait néanmoins résister, et que l'on apercevrait ses rameaux accrochés au taillis lors d'une coupe subséquente, dans ce cas la souche finirait cependant par être très-forte ; au lieu de cela, je n'en ai jamais aperçu, quoique ayant parcouru bien des bois. Dans les futaies, nous pourrions trouver la vigne enlacée aux troncs des arbres et poussant ses rameaux aux plus hauts sommets pour y voir mûrir ses fruits; si ce fait existe, il est rare : je ne le crois pas impossible. Mais je l'ai énoncé plus haut, c'est dans les haies du département de l'Ain que la vigne sauvage s'est établie en conquérante, et là, quelles que soient les lésions ou même les coupes franches qu'elle éprouve, elle en ressort toujours plus triomphante. Je n'y ai jamais trouvé un tronc de vigne d'un certain volume. Elle se subdivise toujours, au contraire, en de nombreux rameaux, ce qui me fait ajouter que c'est là son état naturel. Notre vigne sauvage, et même la cultivée, ont deux écorces, l'une adhérente et fine, l'autre qui se détache seule et qui est rude; on peut même dire qu'il n'y en a qu'une qui se renouvelle.

Les vignes du nord de l'Amérique ont l'écorce plus compacte et plus mince que celles d'Europe; *Antil,* à qui nous devons la connaissance de ce fait, l'explique par la différence de température qui est plus froide dans ce pays que dans notre Europe méridionale. Si cette remarque est fondée, on doit observer quelque chose d'analogue sur les vignes cultivées dans les régions les plus boréales. La vigne, on le sait, a un bois qui diffère totalement des autres, il est sans liber, ce qui fait que pour la greffer en fente il n'est pas nécessaire de faire coïncider les écorces.

La vigne sauvage présente des fruits noirs et des fruits blancs; à coup sûr tout se réunit de la sorte pour nous porter à croire que c'est là le type de tous nos raisins noirs et blancs. Nous en avons de roses, de gris et de jaunes; il est bien clair que le semis du noir et du blanc a produit les nuances diverses. En partant de ce point, nous sommes dans le vrai, et j'aime mieux reconnaître cette source naturelle de toutes nos variétés, que d'aller me bercer l'esprit des conjectures antiques ou des rêves incolores de certains auteurs.

Une *espèce persiste* quand on la sème, disent les botanistes; c'est à ce caractère qu'on la reconnaît toujours. La variété, au contraire, change constamment. Mais voici mes objections : si vous prétendez que nos raisins actuels viennent tous d'un type primitif et du semis des graines, vous voyez que le type primitif qui constitue ce que vous nommez espèce, a cependant changé, puisqu'il a produit des variétés. On répondrait que l'espèce reste la même, car ce semis dont on parle n'a été meilleur que parce qu'il a été favorisé par un sol propice, plus riche, qui l'a rendu plus civilisé; mais l'espèce n'a pas changé pour cela. En effet, ce semis n'a donné qu'un fruit plus délicat, et changez-le de sol, ou cessez de le cultiver avec soin, il va retourner à sa nature et redevenir raisin sauvage; cela est évident et a lieu dans nos cultures pour tout ce que nous y cultivons. C'est ainsi que nos conquêtes horticoles dégénèrent et s'abâtardissent.

Maintenant les semis de ces fruits améliorés donneront des produits variés. Ils ne seront pas pour cela des *espèces nouvelles;* mais cessez de les cultiver eux-mêmes, vous les verrez redevenir sauvages à leur tour.

Ainsi, pour achever de démontrer leur ignorance, à savoir

que tous les raisins que nous possédons ne sont que le produit d'un type premier et constituent autant de variétés, mais non d'espèces; je demanderai à ceux qui n'auraient pas cette opinion de me dire d'où ces variétés proviennent, et surtout si elles ne retourneront pas à l'état sauvage, à défaut de culture ou par toute autre cause que je n'indique pas pour être plus bref.

Chacun de nous peut remarquer combien la vigne la plus améliorée dégénère si on la transporte dans un sol défavorable ou dans un climat qui lui est nuisible. La vigne veut une certaine chaleur; passé tel degré de latitude, elle ne se montre plus, même à l'état sauvage; et M. Méline, que j'ai cité plus haut, observe que cette vigne s'arrête en Bourgogne où elle ne croît plus qu'avec peine, pour regagner en force et croître en abondance à mesure qu'on se rapproche du midi. Il est démontré par là que, sauf quelques variétés exotiques, toutes les nôtres doivent descendre raisonnablement du type sauvage de France. Car cet horticulteur ajoute : « partout où la vigne sauvage vient bien, la vigne cultivée réussira. »

Voyez dans les vignobles du Haut et Bas-Bugey, comme la vigne est robuste, comme elle pousse des jets vigoureux; c'est que le degré de température qu'elle ressent lui convient parfaitement et que la latitude est aussi celle qui lui est favorable. Et dans ce lieu même, elle préférera encore le bas des coteaux aux sommets élevés; l'aridité de ces lieux et leur température plus froide lui sont contraires; elle n'y pousse plus que faiblement et mûrit à peine ses fruits.

Dans le Revermont, qui s'éloigne déjà du midi et du Bugey,

la vigne est faible et ne s'élève pas. Remontez plus haut, au nord, elle ira en diminuant encore, pour n'avoir enfin que des sommets d'un tiers ou d'un demi-mètre de haut dans les montagnes de ces mêmes cantons. Ce qui démontre que la latitude la plus australe est le point recherché par la vigne ; ce serait à tort qu'on irait l'implanter ailleurs. J'explique que si, dans des lieux froids, elle donne des fruits, ils seront très-médiocres, et qu'ils ne vaudront plus rien si on remonte d'avantage au nord. Il est accordé néanmoins que, dans telle localité boréale où la vigne ne vient qu'avec peine, il peut se rencontrer des parties mieux exposées ou abritées, composées d'un terrain plus approprié à sa nature et que là, mais là seulement, la vigne pourra produire du vin supportable et quelquefois très-bon ; c'est là une de ces exceptions qu'on rencontre dans tout et pour tout.

« Il est démontré, dit le traducteur de *Roxas*, que les différentes espèces ou variétés de la vigne ne réussissent pas également dans toutes sortes de terrains. Ainsi, il serait très-utile de se procurer l'analyse des terres dans lesquelles on la cultive où qu'on désire la planter. La bonté du climat, la bonne exposition, ne suffisent pas pour assurer les succès du cultivateur, il faut encore que la nature des terrains soit propre aux espèces qu'on y cultive (1). »

Les sols humides ou plats ne conviennent pas à la vigne si on recherche les qualités du vin ; ils donneront la quantité, mais voilà tout. L'alcool ne s'obtient dans le vin que par la

____

(1) *Essai sur les variétés de la vigne*, par Cl. Roxas, page 5.

matûrité complète dans un sol en pente ou bien exposé. Roxas, par ses comparaisons faites en Espagne, avance que la terre ardoisée est celle qui est la plus favorable à la vigne et à la qualité du vin. Mon but n'étant pas d'indiquer complètement quel sol est le plus favorable à la culture de la vigne, je bornerai là, sur ce point, ce que j'ai à dire.

VARIÉTÉS ANCIENNES.

Caton parle de huit variétés connues de son temps ; Varron en ajoute deux aux précédentes. Virgile en nomme quinze dont il nous a transmis les noms dans son IIe livre des *Géorgiques* (Voyez vers 89 jusqu'au 108e). Ce sont : les *Mareotida*, raisin blanc ; *Thaseas, Psythia, Lageos, Rhetica, Falerna, Amineas, Furolo, Phaneo, Argos*, vivace, donnant beaucoup de moût ; *Rhodea, Bumaste*, plus trois autres.

Columelle cite cinquante-huit variétés dont dix de celles de Virgile ; Pline compte quatre-vingt-trois espèces, dont huit de Caton, quinze de Virgile et quarante-une de Columelle.

Il est probable que plusieurs de ces variétés ont été importées en Gaule par Marseille et Rome, et sans doute il s'en trouve encore dans celles que nous cultivons aujourd'hui ; mais comment les reconnaître. La plupart des natures actuelles proviennent sans doute du semis de quelques-unes de ces anciennes ; le nombre des variétés connues est si grand, que je doute qu'on arrive jamais à les déterminer : M. Méline en porte le nombre à deux mille (1).

(1) *Vigneron des Deux-Bourgognes*, janvier 1848.

II.

VÉGÉTATION DE LA VIGNE.

Chacun a pu se convaincre qu'il est des variétés de vigne beaucoup plus vigoureuses que d'autres et qui conservent cette différence en bon comme en mauvais terrain. On voit, en effet, des variétés naines et des variétés à haute tige d'une vigueur extrême. Les gros raisins ne se voient aussi que sur les cépages de grande espèce. Je citerai, comme étant ce que j'ai vu de plus fort en ce genre, l'*Isabelle*, raisin moderne, obtenu de semis; il est, je pense, assez connu, pour que je ne le désigne pas davantage; on le trouve, au surplus, décrit aux pages suivantes. D'autres sont analogues pour la venue; mais leurs noms botaniques les plus vrais m'étant inconnus, je préfère ne rien citer ; car, avant tout, il faut pouvoir s'entendre. Le raisin de l'Isabelle est de grosseur moyenne, mais le bois est le plus vigoureux que je connaisse. Je considère ces fortes variétés comme les *francs* de la famille et je trouve qu'il serait avantageux de s'en servir pour greffer les variétés délicates. Ainsi, ayez un sol où tel raisin fin végète à peine et ne donne que des fruits médiocres, en transportant cette sorte sur des sujets plus forts, elle réussira dans vos plantations. Cette année, j'en ai fait l'expérience: ayant eu la pensée d'arracher un plant d'*Isabelle*, je réfléchis et j'y greffais à tout hasard un *Chasselas rose*, raisin très-fin et très-délicat, dont un pied dépérissait non loin de cette même souche d'Isabelle si vigoureuse. La première année, il m'a donné des jets d'une longueur et d'une grosseur extraordinaires, et je suis bien convaincu que cette végétation se soutiendra. C'est ainsi que nos variétés de poires qui ne poussent plus sur coignassier dans certains jardins épuisés par cette espèce, reprennent beaucoup de vigueur dans ces mêmes jardins quand on greffe ces fruits sur franc. J'engage donc les cultivateurs à répéter mon expérience; elle est rationnelle et doit réussir. Van-Mons cependant (1) dit que la greffe domine le sujet et que le sujet ne domine pas la greffe; qu'*une sorte frêle ne contiendrait pas une robuste, et vice versâ.* Je ne puis me rendre à cette idée, car, chaque jour, je vois des effets contraires. J'ai la passe pomme d'été greffée sur paradis, qui emporte le sujet, l'arbre est aussi fort et vigoureux qu'un franc. *Item,* d'autres pommes sur paradis qui forment des arbres à grand vent. J'ai vu des cerises sur mahaleb faire des arbres à haute tige; ici c'est la greffe qui domine. Nous avons des exemples opposés.

Est-ce que d'ordinaire un fruit vigoureux, mis sur paradis ou coignassier, arbres nains, ne reste pas nain? Donc le sujet domine la greffe.

Les bons terrains font aussi la vigueur du plant, je le sais; mais, à chances égales, une variété robuste conservera toujours la supériorité.

Le *Pulsart* du Jura, qu'on nomme *Mécle* dans le Revermont, est très-faible dans cette dernière localité; il pousse si peu de bois, qu'on ne lui met pas de tuteur, si ce n'est une très-mince baguette, pour soutenir l'arqure de la taille du printemps.

(1) Tome II, page 306.

Plusieurs ceps de cette variété, transplantés dans le hameau de Saint-Germain, commune d'Ambérieu en Bugey, et dans un terrain où la vigne s'appuie sur des échallas de six et huit pieds, fournissent des sujets très-forts, mais le raisin reste petit, peu abondant; il mûrit si bien, qu'il est méconnaissable et devient d'un noir de jais, de rose que nous le voyons toujours en Revermont et en Comté. Je dirai en passant, qu'à Saint-Germain, le soleil frappe directement le raisin; les plants sont espacés et relevés, tandis que dans le Revermont, tout est confus et à l'ombre; plus découvert, le Revermont verrait ses raisins plus noirs, ses vins plus colorés et chargés de tannin.

L'expérience a démontré que certaines variétés, celles surtout à fruit de grosseur moyenne ou très-petite, demandent à être taillées long et que la disposition en treillage leur convient parfaitement. En conséquence, il m'est démontré que si, dans le Bugey, le *Pulsart* ou *Mècle* était ainsi conduit et chargé de bois, il produirait beaucoup. Je dirai, à ce sujet, que j'en ai à Bourg deux ceps en treille et qu'ils fructifient bien.

Ainsi, comme on le voit, il est des variétés faibles dans telle localité, parce que le sol est peu profond ou peu fertile, qui prennent de la vigueur dans un terrain plus approprié à leur nature. J'ajoute aussi que les variétés les plus robustes dans les terrains favorables devraient être essayées dans les terres médiocres, et j'insiste surtout pour que l'on introduise dans les sols pauvres les variétés de vigne très-robustes. L'on pourra greffer dessus les raisins éprouvés par leurs qualités et leur appropriation au pays qu'on habite, dans le cas où ces cépages ne porteraient pas de bons raisins. C'est le cas ici de citer le procédé *Boyer*, du Gard, pour greffer la vigne au moyen d'un instrument à lame triangulaire; on enlève une entaille au ceps coupé en bizeau et la greffe préparée pour le vide du sujet, réussit parfaitement. Il est expéditif et très-utile pour greffer en bonne espèce des sujets qui en portent de mauvaise et qu'on arracherait avec grande perte de temps pour récolter. (Voir les bulletins de la Société d'agriculture du Gard, mai 1842. Les greffoirs sont fabriqués par M. Pellet, coutelier à Nîmes.)

On a remarqué, pour les poires, que les variétés nouvellement obtenues de semis fructifiaient avec abondance et présentaient une végétation vigoureuse; il en est de même pour les raisins venus de graine; j'ai surtout chez moi un chasselas ainsi obtenu qui pousse avec une grande force et se charge de raisins chaque année; aussi a-t-il mérité le nom de *Chasselas fécond* que je lui ai donné; j'en parlerai ci-après, dans la deuxième partie.

III.

DES EFFETS DE LA TAILLE SUR LA VIGNE.

Van-Mons remarque avec raison que toutes les amputations successives dont nous accablons nos ceps, chaque année, sont autant de germes de mort et de décrépitude que nous lui inoculons. Un plant de vigne, abandonné à la nature, dit *Rosier*, placé dans un sol et un climat qui lui conviennent, et qui trouve près de lui des appuis capables de résister à ses élans et aux efforts qu'il fait pour croître, acquiert un volume énorme et parvient à la plus étonnante longévité. Il est en tout autrement de celui que l'on taille.» A la vérité, c'est à l'aide de ce moyen artificiel de culture, que nous maintenons nos vignes en production, et quoiqu'il tende à épuiser le plant, nous sommes contraints de l'employer si nous voulons récolter et maintenir sa végétation dans des limites raisonnables. Ici la taille courte est indispensable pour obtenir un produit ; là il la faut à tout prix plus alongée ; ailleurs enfin on ne taille pas du tout, ou l'on n'a rien. M. Poiteau, dans un voyage à l'Isle-de-France, imagina de tailler la vigne à l'instar de Paris, il n'obtint jamais que du bois et pas un seul fruit. Si chez nous on taille court, dans un sol riche, un raisin de petite espèce ou même de grosseur moyenne, on n'aura que des raisins nuls ou peu abondans. Souvent telle ou telle variété taillée très-court, produira moitié plus étant conduite en treille, et cela à souche de force égale. Les vignerons de Saint-Germain, près Ambérieu, savent tous faire ces distinctions.

Abandonnée à elle-même, la vigne cultivée s'élève jusqu'au sommet d'arbres élancés ; ainsi la voyons-nous en Italie et c'est celle que Virgile a chantée :

> *Quo sidere terram vertere,*
> *Ulmisque adjungere vitem*
> *Conveniat.*

Sans aller aussi loin, nous la retrouvons encore aujourd'hui appuyée sur des ormes ou des mûriers au *Bourget,* de l'autre côté du mont du Chat. Toutefois, le vin qu'on obtient de cette sorte est très-médiocre ; mais cette culture *dérobée,* pour ainsi dire, permet la propagation des céréales qu'on obtient à côté. Ainsi isolé, un cep de vigne est susceptible de rapporter beaucoup et de vivre long-temps si des gelées trop fortes ne l'atteignent pas ; mais rien n'égale, à ce qu'il paraît, la dimension énorme des ceps de vigne anciens. Rosier rappelle que du temps d'Auguste on voyait dans la Margiane des ceps d'une si énorme grosseur, que deux hommes pouvaient à peine embrasser la tige : ils avaient de trois à quatre mètres de circonférence. Pline trouve que c'est avec raison que les anciens rangeaient la vigne parmi les arbres (Liv. XIV, chap. I.) : « Les temples de Junon à *Patera*, à *Massilia* (Marseille), à *Metapontum*, étaient soutenus, dit-il, par des colonnes de vigne, et actuellement encore la charpente du temple de Diane, à Ephèse, est construite de vignes de Chypre : il n'est point de bois plus indestructible que celui-là. »

On sait que les portes de la cathédrale de Ravennes sont construites de bois de vigne, dont les planches ont plus de quatre mètres de hauteur sur trois à quatre décimètres de largeur. J'ai vu moi-même, au château de Versailles, une table large faite d'une seule planche de ce bois.

Je n'éprouve qu'un regret dans tout cela, c'est que l'on ne nous apprenne pas si ces vignes énormes donnaient des fruits sauvages ou bons à manger. Est-ce la vigne sauvage qui, dans ces temps reculés, arrivait à cette grosseur, et alors comment se fait-il qu'on n'en cite pas une seule aujourd'hui? Si c'était la vigne à fruits comestibles, je ferai remarquer qu'il a fallu, pour qu'elle atteignît ce volume, qu'elle fût abandonnée à la nature; dans ce dernier cas, j'y verrais une preuve que la *vigne à vin* est une *espèce naturelle*, et je me rangerais à l'opinion des nombreux auteurs qui pensent que nos principales espèces et variétés de vigne proviennent de l'espèce *vitis vinifera*, d'où les autres depuis, seraient provenues de semis. Mais j'avoue que cette première vigne vinifère a pu provenir aussi du semis d'un raisin de *labrusca*.

Cependant, nous avons eu quelquefois de très-forts ceps de vigne cultivée, et je dois rappeler que, dans le Doubs, le froid de l'automne de 1739 fut d'une intensité telle qu'il fit périr un cep énorme auquel pendaient encore les grappes, et dont la tige portait *un mètre huit décimètres* d'épaisseur. Ce fait de végétation est rare toutefois, et c'est à nos tailles et aux froids qu'on peut, je crois, l'attribuer.

Les effets de la taille sont très-contraires sur les jeunes plants de semis. Van-Mons explique que loin d'avancer leur fructification, toutes amputations faites les premières années la retardent au contraire.

Mais une fois que le cep est en rapport, une taille sage et raisonnée maintient l'équilibre de la sève, forme le sujet et limite son étendue suivant le besoin. Dans la Comté, dans le Jura, on taille en arcures, c'est-à-dire qu'on laisse à la souche, qui s'élève plus ou moins de terre, une ou deux branches entières du printemps précédent et qu'on les plie en arc, le bout regardant la terre est fixé soit à la souche elle-même, soit à un échalas. Ce procédé est suivi dans le Revermont. Un vin renommé se récolte près de Salins, on l'appelle des *Arsures ;* il n'est pas douteux pour moi que cette dénomination n'ait pris son origine dans le mot *arcure.*

Dans les vignes basses du Bugey ou de la Bresse, on rabat sur souche à deux yeux les jets de l'année ; puis on fixe à des échalas, avec un lien de paille, quand le moment est venu, les branches qui s'élancent de chaque souche. Cette méthode est très-bonne, en ce qu'elle permet la circulation de l'air autour des grappes, qui sont frappées en même temps par la lumière et par les rayons solaires. Si toutes les souches étaient exposées à cinq pieds les unes des autres, et surtout si on pouvait maintenir rabattues les jeunes branches, cette culture me paraîtrait sans reproche : il faudrait un peu plus de temps qu'on n'en met et un peu plus de science ; mais, après tout, les résultats seraient si heureux que cette nouvelle pratique serait bien vite adoptée. Les sommets de branches, les rejets qu'on enlèverait à plusieurs reprises, feraient la joie du bétail, et chaque vigneron en nourrit.

La taille en treilles, soit hautins, fort usitée en Bresse et dans les environs de Belley, se fait en pliant doucement sur une perche horisontale formant cordon le jet du printemps dernier; on le fixe ensuite par le bout penché contre terre à la seconde perche de la treille. Chaque ramification de la souche porte ainsi une branche à recourber, laquelle pousse autant de rameaux fructifères qu'il y a d'yeux disposés à fruit; on a retranché, à la taille, tous les jets inutiles.

La taille en cordon, en palmette ou contre des murs se fait en rabattant les coursons ou *porte-bras* aussi près que possible de la branche principale. C'est à cette pratique que l'on reconnaît un jardinier intelligent, car entre les mains des malhabiles les coursons s'allongent, se bifurquent outre mesure, et la vigne ainsi conduite n'offre bientôt plus qu'un aspect disgracieux et produit peu. Mais entretenu avec art, un cordon de vigne, bien taillé, espacé et palissé, et dont les jets sont maintenus constamment à la même hauteur, rend beaucoup et plaît infiniment à l'œil. Les yeux du bas des bourgeons de la vigne sont très-rapprochés et très-petits; il y en a au moins six sur une longueur de deux lignes. Quant on taille le bourgeon long, c'est-à-dire à un ou deux pouces, ces petits yeux s'éteignent et ne poussent pas; mais si on taille dessus, ils se développent parfaitement et donnent de très-beaux raisins. Les bons jardiniers savent cela. Ils taillent toujours les coursons à une ligne et quelquefois moins; aussi ces sortes de branches ne s'allongent jamais entre leurs mains, et l'on a peine à comprendre comment, au bout de vingt ans, ces mêmes coursons n'ont pas encore un ou deux pouces de long.

Puisque je suis sur la taille, je dirai que rien n'est plus avantageux que de tenir écourtées à une certaine hauteur les branches de la vigne taillée en cordon. Quand le raisin est noué, il est à propos de couper avec l'ongle le sommet des tiges à deux pieds et demi ou trois pieds au plus, suivant leur vigueur; la sève se reporte ainsi sur la grappe qui grossit plus rapidement. J'avoue que ce procédé a pour but de faire pousser les yeux latéraux de la branche rabattue, et qu'il faut alors, de temps en temps, les moucher avec l'ongle à un pouce ou deux du tronc. Ce sont des soins, il est vrai, mais il en faut dans toute culture raisonnée, autrement on n'obtient rien de bon. J'ai plusieurs fois comparé mes cordons ainsi dirigés avec ceux de mes voisins qui n'agissaient pas de même, et j'ai toujours obtenu plus qu'eux, des raisins nombreux, plus gros et plus précoces. La routine finira-t-elle un jour par se rendre à l'évidence de l'exemple! Je termine en disant qu'il faut tailler la vigne en février, selon le précepte d'Olivier de Serres. C'est surtout pour la taille sur la vigne à la Thomery que ce soin précoce est important; car si on taille tard, les pleurs de la vigne étouffent les jeunes yeux. En ce qui me concerne, j'en ai tant de fois éprouvé des avaries que je taille de très-bonne heure.

IV.

SEMIS DE LA VIGNE.

Un fruit sauvage, semé successivement dans un bon terrain, c'est-à-dire quand la graine de chaque nouveau venu aura été semée pendant plusieurs générations de suite , ne manquera pas de s'améliorer. Mais il se sera alors écarté d'autant de l'état de nature, tellement que ses fruits seront bien plus fins, et d'acerbes seront devenus mangeables. C'est ainsi qu'ont été engendrées ces variétés nombreuses de raisins que nous posssédons aujourd'hui. Mais en semant à son tour un fruit amélioré, il tend à varier de nouveau et donne rarement un produit similaire. «Pour varier, dit Van-Mons, la vigne doit être transportée d'un climat chaud dans un plus froid (1). » Qu'importe maintenant que les variétés ainsi obtenues vieillissent promptement, si toutefois cela est, car notre auteur belge trouve que la vigne ne vieillit pas, mais seulement sa graine ? Il est évident qu'elle persiste pendant de longs siècles ; et puis il nous est facile de remplacer les anciennes par d'autres qui les vaudront toujours. Quoi qu'il en soit, rien n'est plus difficile que d'établir les caractères de nos variétés anciennes ou modernes ; je ne rappellerai pas celles qui sont décrites par

(1) Tom. 2, p. 308. (Avis à ceux qui pensent que les variétés disparaissent parce qu'elles vieillissent !)

les auteurs qui m'ont précédé ; je ne mentionnerai pas non plus les cent vingt variétés que *Simon-Clémente Roxas* a cru voir en Espagne, et qu'il a minutieusement décrites dans son très-bon *Essai sur les variétés de la vigne en Andalousie* (1). Il y a mis un soin dont personne avant lui n'a fait preuve, et je ne doute pas que son système ne fasse faire des progrès chez nous à cette partie de l'agriculture. Si toutes nos espèces ou variétés françaises étaient examinées suivant son procédé, il en résulterait à coup sûr une grande simplicité dans leur appréciation, et on pourrait les réduire de moitié en caractérisant celles qui sont identiques et qui portent cependant des noms différens dans plusieurs localités.

Je n'examinerai pas la question si controversée des espèces et des variétés ; que nous importe, après tout, que nos excellens raisins soient des types primitifs ou des diminutifs d'une espèce première ? il nous suffit qu'ils existent et que nous puissions les conserver par le provignage. Ce mode ne les rajeunit pas, je le sais, mais s'il nous aide à jouir long-temps de leurs produits, c'est tout ce qu'il nous faut. Quand l'âge les rendra moins féconds, nous les délaisserons sans peine pour adopter des variétés plus récentes que nos voisins sans doute vanteront aussi, et tout sera dit. Je ferai remarquer cependant que, suivant Van-Mons, toutes nos variétés de poires auraient leur type primitif dans la nature, et que ces espèces jardinières que l'auteur appelle *sous-espèces,* seraient restées semblables au type, si elles n'eussent pas été transportées en pays exo-

(1) Voir *Revué horticole du Bon jardinier.* 1829.

tique, en graine et autrement, et que c'est là seulement qu'elles ont pu prendre la variation qui les distingue (1). Si le fait est vrai, on pourra en dire de même de nos raisins. La difficulté dans ce cas, serait toujours de reconnaître les raisins qui proviennent d'un type primitif, et quel est ce type lui-même. c'est là une étude immense à faire.

J'arrive donc à parler du mode de propagation par les semis, puisqu'en définitive c'est sur lui que reposent nos espérances et nos jouissances présentes et futures.

Pourquoi sème-t-on aujourd'hui si fort et si souvent? C'est que nos pomologues démontrent par des procédés sûrs que l'on obtient ainsi des variétés nouvelles, robustes et très-fécondes, qui doivent remplacer les anciennes que l'âge affaiblit. Van-Mons le premier nous a mis sur une voix certaine.

Il a remarqué qu'un semis fait avec de la graine verte, prise sur un cep de vigne très-isolé et à l'abri de tout mélange adultérin, a produit « une multitude de variétés, parmi lesquelles on retrouvait *des analogues de toutes sortes*, pour la forme, la grosseur, la couleur, la saveur, et du feuillage le plus varié en formes et en ampleur. »

Il en conclut que ces graines n'ayant pas éprouvé les influences d'aucun cep de l'espèce, les résultats qu'elles ont donnés démontrent *la puissance de variation qui s'ingère dans toute plante susceptible de variation que le sol exotique a fait varier* (2).

(1) Paris, 1814. 1 vol. in-8°.
(2) Tom. II, p. 291.

Si, comme le dit Van-Mons, la première graine venue *donne toutes les sortes*, on doit admettre que nos immenses variétés de vignes sont le produit d'un premier semis, et que le transport de la première vigne, dans notre sol peut-être *exotique* pour elle, aura déterminé aussitôt sa disposition à varier.

Ce serait en vain aussi, suivant cet habile observateur, qu'on espère, par un semis de pepins qu'on croit influencés lors de la floraison, obtenir tel ou tel croisement : « *le coloré donne l'incolore et l'incolore donne le coloré*. Le noir, qui est l'absence de toute couleur, donne le blanc, qui est la présence de toutes les couleurs, et *vice versa.* »

Il a reconnu que plus le semis provient d'un fruit nouvellement amélioré, récemment obtenu, plus les sujets qui en sortent sont meilleurs ; tellement qu'après avoir semé pendant un certain temps des graines de plus en plus parfaites, il finit par n'obtenir que de bons fruits et pas de sauvageons. Cette découverte, du célèbre chimiste de Louvain, a fait et devait faire une révolution complète dans nos cultures. Elle me parait la seule vraie et la seule praticable. Pour les variétés de poires, il a ainsi procédé, puis il a appliqué aussi cette méthode au semis de la vigne qui lui a toujours produit du bon, ce qui lui fait regarder la vigne comme plante déjà très-améliorée.

Pourquoi avons-nous tant de pêches qui se reproduisent si bonnes de noyaux ? C'est qu'on les a, sans y penser, successivement semées depuis un temps immémorial. La pêche, en général, est donc un fruit amélioré. Celui-là nous le possédons par graine ; nous arriverons bientôt aussi à semer toutes nos poires pour les avoir toujours bonnes, et alors les greffes deviendront inutiles, ou ne serviront plus qu'à ceux qui ne sauraient pas semer où qui voudraient profiter de sujets déjà en vigueur, pour y placer des variétés nouvelles ; mais que nos pépiniéristes se rassurent, chez nous le progrès ne marche pas aussi vite, et l'obscure routine agglutinée au sol que nous habitons saura bien lutter aussi, ils auront à livrer encore long-temps des sujets greffés. Ainsi donc, quand on obtient d'un semis de poire des sujets toujours très-bons, c'est que la variété en est très-améliorée; ainsi des pêches, ainsi de tout. Je puis donc dire aussi, ainsi de la vigne ! En effet, nos semeurs actuels obtiennent d'excellens résultats, suivant qu'ils y sèment une variété plus ou moins améliorée, c'est-à-dire plus ou moins de fois déjà régénérée de semences. Il en est qui se reproduisent constantes, celles-là pourraient bien être regardées comme des *espèces*, mais ne soulevons pas ce débat. Il se trouve d'autres raisins qui varient constamment ; ce fait peut résulter d'un accident de terrain, d'une latitude changée, ou d'une hybridation produite par le contact de deux variétés différentes, et lors de la floraison, nous retrouverons là le caractère de la variété qui dégénère très-promptement si on la laisse sans culture, si on la transplante sous une latitude impropre et plus froide, ou si on l'abandonne à elle-même.

Mais je l'ai dit, une variété peut se reproduire toujours bonne et sans donner de sauvageons, j'en ai la preuve chez moi. Ayant très-souvent élevé les sujets de semis que je trouvais dans mes plate-bandes, et sous mes cordons de vigne, j'en ai toujours obtenu des fruits doux et beaux. Quelques-uns même étaient de très-bons chasselas. Divers croisemens m'ont produit des variétés nouvelles, mais les mêmes raisins sont bons ; je ne veux pas affirmer que cette variation soit l'effet seul du croiscment : Van-Mons me contredirait.

J'ai donc remarqué qu'un vieux cep de chasselas donne par semis des chasselas très-bons ; le morillon hâtif s'est très-bien reproduit de semis également. Ainsi je regarde ces deux variétés comme très-améliorées. Le morillon dégénère facilement ; il est des terrains qui ne lui conviennent pas et où ses fruits sont toujours durs. Dans ce cas il faut renouveler les pieds et s'en pourvoir de temps en temps dans une localité où le raisin réussit. Je trouve qu'en Bresse il fait bien ; j'en ai vu à Belley qui, quoique placé au midi, contre un mur de jardin, était toujours dur et sans goût ; celui que j'ai chez moi, donné en remplacement à Belley, s'y est trouvé bien meilleur. Toutefois, en passant, je conseillerai de laisser flétrir ce raisin après l'avoir recueilli à l'avance, il perdra de la sorte l'excès de son eau de végétation, qui est très-abondante, et qui le rend dur et fade.

Un fait curieux qu'on paraît avoir observé, c'est que le raisin a la faculté de se régénérer, si d'un sol mauvais et d'une latitude où il dépérissait, on le transporte dans un terrain et à une température convenables.

On a vu un cep de *Meûnier* porter des sarmens, des feuilles et des fruits du *Morillon hâtif*. Ce dernier plant est désigné déjà par Columelle sous le nom de *Vitis præcox*. Le meûnier est bien reconnaissable à ses feuilles cotonneuses : comment se fait-il qu'il porte des morillons ? Le meûnier est-il un morillon qui revient, suivant les cas, à son type primitif ?

Le fait est singulier, et j'en abandonne l'explication aux sa-
vans. Du reste nous voyons tous les jours des variétés que je
crois hybrides, offrir dans un seul raisin, s'il est noir, par
exemple, des grains blancs; ou des grains noirs, s'il est gris
ou rose; je citerai à cet égard ma propre expérience. J'ai vu
chez moi, sur un cep de raisin gris, des grappes où le gris
domine et où se trouvent des grains noirs, d'autres blancs, et
d'autres moitié blancs et moitié gris, ou bien lavés d'une seule
ligne de blanc. Ce phénomène ne me paraît explicable qu'en
admettant que cette variété provient d'un plant noir et d'un
plant blanc; qu'ils se seront croisés à la floraison, ou bien
c'est un jeu de la nature, s'il est vrai, comme l'a dit Van-Mons,
que chaque sorte produise toutes les sortes.

Sous les températures froides, le raisin de semis est lent à
fructifier. Sous le climat de Paris, il faut attendre six ou huit
ans pour connaître le résultat. J'ignore si dans le midi il fruc-
tifie plus tôt. J'en ai semé plusieurs fois et je puis dire qu'il y
a des différences bien sensibles dans l'époque de la mise à
fruit. Les chasselas provenus de graine, ont donné du raisin au
bout de cinq et six ans, le morillon au bout de cinq ans; ma
latitude est par les 48 degrés du méridien de Paris.

Des graines croisées de *Pulsart* ou *Mêcle* et de *Petit gris* ont mis
plus de temps; j'en ai encore vingt pieds sur vingt-deux, deux
seuls ont fructifié en 1847; ils se sont trouvés très-bons et an-
noncent dans leur forme un changement qu'explique celle des
raisins qui auraient servi au croisement. J'attends avec impa-
tience la fin de mon expérience, et j'espère qu'en 1848, j'aurai
un résultat à constater. Le feuillage déjà de la moitié de ces

vingt ceps est découpé comme celui du *Pulsart* ou *Mêcle*, que j'ai semé.

Un autre plant venu de semis est resté plus de huit ans à donner du raisin. Le fruit est petit, noir, la feuille est quinti-lobée très-profondément. J'attends encore une saison pour bien juger ce raisin qui, jusqu'ici, n'offre de remarquable que son feuillage; cependant il est doux et sucré. On hâte la fruc-tification en couchant les pieds chaque année; malgré l'emploi de ce moyen j'ai attendu long-temps que certain cep de semis donnât du fruit.

On doit, malgré ces retards, faire des semis; il faut choisir pour cet effet les graines de raisins très-fins, parce qu'ils sont déjà le produit de raisins très-délicats, renouvelés par la voie des semis; c'est ainsi seulement qu'on peut s'attendre à des gains précieux; et surtout, je l'ai dit plus haut, il faut prendre de la graine verte et la semer aussitôt cueillie.

La nature emploie ce moyen elle-même; les oiseaux trans-portent au loin les graines des raisins qu'ils ont dérobés dans nos jardins, et plusieurs variétés recueillies depuis peu d'an-nées seulement, sont venues enrichir nos collections. C'est ainsi que plusieurs variétés méritantes existent dans certaines localités où elles sont connues uniquement; j'aurai occasion d'en citer plusieurs dans la seconde partie de cet essai. Je ne me lasserai pas de recommander aux jardiniers de laisser fructifier tous les semis de vigne qui par hasard se montreront dans leurs cultures, et surtout d'y introduire les bons raisins qu'ils ren-contreront dans les campagnes. Souvent une variété précieuse et trop ignorée se dressera contre la chaumière du pauvre, et

sa présence en ce lieu sera quelquefois une bonne indication ,
car pour qu'il se décide à planter ou semer quelque chose , il
faut que l'objet lui en ait semblé bon ! On conduira les jeunes
plants de semis d'après la méthode de Van-Mons : il conseille
de rester deux ans, sans tailler la vigne de semis ; elle repousse
toute seule du collet , ce bois meurt et on rabat sur un bon œil
près de ce collet. La troisième année elle rejette encore davantage ; si le cep est fort, on l'établit sur tige unique et *abaissée
comme à la taille des boutures*, on supprime les rejets, on met
un tuteur ; on replante contre un mur en raccourcissant les
racines à un pied et en enterrant une même longueur de la tige
qui formera bouton et hâtera la fructification. C'est l'âge du
bois et sa grosseur, dit Van-Mons , qui fait naître le fruit ; il en
obtenait ainsi après trois ans de repiquage ; les ceps avaient donc
six ans. Malgré cela l'auteur a eu des plants repiqués et non
repiqués qui n'avaient pas encore donné de fruit après quinze
ans (1). Toute vigne qui ne serait pas recouchée ne donnerait
pas à la cinquième ou sixième année.

Après un troisième ou quatrième semis , une vigne acquiert
toutes ses bonnes qualités ; Van-Mons , pour obtenir de bons
résultats , ne sèmerait encore que de la graine de raisins non
mûrs ou cueillis de bonne heure ; cette graine *amaladive* donnerait des plants pareils qui , par ce fait , s'écarteraient plus
de la nature et seraient par conséquent plus adoucis. « La
graine mûre , dit-il , est à l'usage de la nature ; celle verte
remplit les intentions de la culture. »

(1) Tom. II, p. 294.

CHAPITRE II.

I.

CULTURE DE LA VIGNE DANS LA BRESSE ET DANS QUELQUES PARTIES DU DÉPARTEMENT.

En Bresse, pays presque tout divisé en corps de domaines, on élève la vigne en hautins ou treilles, de 1 mètre 33 centimètres de haut.

Quelques petits clos isolés et bien fermés par de forts buissons, sont emplantés de vignes basses qui fournissent un vin rouge précieux et souvent très-bon.

Nous allons examiner la manière dont ces cultures sont suivies et tracer quelques règles de conduite que nous voudrions voir adopter dans l'intérêt même du producteur.

Hautins. — Ce mode de culture est très-coûteux et exige beaucoup de bois, soit pieux et perches plus ou moins longues. Les pieux se font en chêne ; on les conserve aussi haut que possible sans que cela jure trop à l'œil, parce que de temps à autre on est obligé de rafraîchir le bout qui plonge en terre. En châtaignier, qui est le bois le plus propre à résister aux intempéries, ces pieux dureraient long-temps ; mais cette essence est rare en Bresse. On utilise même tous les bois que l'on possède, et j'ai vu un clos de hautins indiquer le voisinage d'un charron-maréchal par les vieux essieux servant de pieux. Leur bout noirci et graisseux résiste long-temps à la pourriture.

Quant aux perches, on recherche le bois de tremble que fournissent certains taillis humides. Ces perches sont très-longues et résistent mieux que le saule que l'on emploie d'ordinaire. Ces perches sont une grande dépense, et il faut les renouveler souvent. Comme elles sont de grosseur inégale, il arrive que les liens qui les supportent au gros bout rompent facilement ; dans tous les cas, on est obligé de renouveler ces liens à chaque printemps.

Je propose un mode de palissage bien plus durable et très-simple, c'est de remplacer les deux rangs de perches par des fils de fer de 3 millimètres d'épaisseur. C'est une grande économie.

Sur une étendue de 100 pieds, on met au moins 12 perches de saule de 8 pieds chacune sur deux rangs : cela fait 24 perches qui, à raison de 7 cent. l'une, font 1 fr. 68 cent.

Le fil de fer aura coûté 5 cent. le pied, soit 10 fr. pour les deux rangs.

Au bout de trois ans, les perches en saule seront impropres au service ; les fils de fer n'auront subi qu'une légère oxidation.

Après six ans, l'emploi des perches, deux fois appliqué, aura dépassé la valeur du fil de fer qui sera encore intact.

Comme on le voit, il y a économie évidente de matière ; mais on trouve encore économie de temps : en effet, il n'y pas de liens à renouveler ; la vigne ensuite n'offre pas de parties mal retenues, de perches qui tombent, glissent ou cèdent aux efforts des vents et au poids des ceps ; l'harmonie règne dans l'ensemble.

Rien n'est plus facile à établir que ce système-là. Les pieux de chaque extrémité de la ligne sont solides et retenus par un plus petit qui fait arc-boutant ; là est toute la force, et c'est seulement sur ce point qu'il y a à réviser chaque année.

Une vigne ainsi soutenue offre au printemps le coup-d'œil le plus régulier, le plus agréable ; alignées au cordeau et garnies de pieux à peu près d'égale grandeur, les tiges de hautins sont légères et semblent soutenues par l'air : car on n'aperçoit pas les fils de fer à une certaine distance ; et l'inégalité des perches, soutiens ordinaires, ne choque pas la vue.

Ce système n'est pas nouveau, mais il n'est pas répandu dans l'Ain. Près de Pont-de-Vaux, il est en pleine activité et son adoption, dont la pratique soutenue indique l'utilité, annonce chez les cultivateurs de cette localité beaucoup de goût et d'intelligence. Le bois devient rare de plus en plus ; je ne doute pas que nos cultivateurs ne se décident à suivre cet exemple dès qu'il leur sera démontré qu'il y a économie.

Déjà dans ce but, j'ai introduit à Vonnas, dans un clos que je possède, ce mode de palissage, et je m'en applaudis chaque jour.

On trouve dans le commerce un fil de fer très-grossier, non poli et qui se livre à meilleur marché : c'est celui que l'on emploie à Pont-de-Vaux. On a besoin, avant de le placer, de le faire recuire au four et de le laisser refroidir lentement.

En l'achetant par quintal et en masse, il y a une diminution sur le prix. Dès qu'on aura commencé à se servir de fil de fer, pour suppléer les perches en bois, il sera très-facile de se pourvoir. Dans chaque village, il y a un épicier ou un cloutier, qui tiendra ce nouvel article dès qu'il sera recherché; ainsi, tout milite pour que cet usage soit introduit dans nos campagnes.

II.

SOINS A DONNER A LA VIGNE.

Un défaut très-général, c'est qu'on ne renouvelle pas assez les vieux plants. Il n'est pas rare de voir des hautins dégarnis, peu féconds et sujets à la gelée. En voici la cause : les vieux pieds, épuisés par des tailles trop répétées, s'altèrent promptement ; l'air s'introduit dans leurs fibres par ces rudes entailles dont on voit les cicatrices dénudées ; le froid y pénètre aussi ; et en Bresse où le sous-sol est si imperméable, l'eau qui séjourne rend encore les plants plus sensibles au froid ; c'est donc par les racines que les vieux pieds sont exposés aux gelées. De jeunes plants se chargent de plus de raisins : on comprend, en effet, que l'âge mûr doive être plus impropre au rapport que la jeunesse.

Les vieux pieds se dégarnissent du bas et offrent à l'œil cet aspect triste des vignes trop âgées.

Il faut donc les rajeunir souvent par des couchées. Par ce mot rajeunir, je n'entends point dire que l'espèce sera *renouvelée* ; je veux seulement énoncer qu'on aura un nouveau pied établi sur des racines jeunes et vigoureuses. Il est reconnu, en effet, que le mode de propagation par marcotte, bouture ou couchée, ne rajeunit pas *une espèce* ; il ne fait que prolonger son existence. L'effet des tailles répétées auxquelles les ceps sont soumis, altère leur constitution. En effet, la vigne non taillée

3

vit des siècles répétés; soumise au fer meurtrier de l'homme,
ce bel arbuste s'éteint bientôt (1).

Pour la taille des hautins, l'usage est de replier sur la perche
le jet de vigne que l'on a conservé et qui doit rapporter. En le
saisissant par le bout, on le tord légèrement avant de l'appliquer sur le soutien pour le lier à la deuxième perche; il en
casse peu. Avec le fil de fer, il faut plus de précaution; l'angle
formé par la branche pliée (en Bresse, cela s'appelle *plisser*),
est trop raccourci, il faut obliquer davantage et ramener le
bout de la branche un peu en éventail, au lieu de le lier per-
pendiculairement; autrement beaucoup de tiges se rompraient
net.

Cet inconvénient existe quand la vigne est en sève, elle est
alors très-cassante; en palissant de bonne heure, on aura
moins à craindre.

Nous arrivons ainsi jusqu'aux approches de la maturité;
alors on relève, c'est-à-dire que l'on prend les branches qui
pendent pour les lier en un faisceau au-dessus de la *tige*;
comme il y en a de droite et de gauche, elles se tiennent alors
mutuellement, sans être fixées à aucun support. Je trouve à
cela un inconvénient, si les pousses sont vigoureuses, cet
amas de branches retroussées offre beaucoup de prise aux vents;
agitées violemment, les perches vieilles se rompent ou bien
ce sont les liens qui les attachent, et alors la récolte en
souffre; il y a perte dans le bois de palissage, et rupture

---

(1) A Rome, la vigne s'appelait *un arbre;* on en faisait des colonnes de
temples et une grande statue de Jupiter en fut façonnée.

d'harmonie dans le hautin; dans tous les cas, le raisin mûrit moins bien, il faut être à chaque instant dans la vigne pour la relever.

Il y aurait deux moyens d'obvier à ces inconvéniens, l'un exigerait quelques soins de plus, l'autre une simple attention, mais tous deux sont très-praticables; néanmoins la moindre innovation est si fort antipathique au caractère bressan (1) qu'aucun des deux ne sera mis en pratique.

Voici le premier. Ce serait de rabattre de dix-huit pouces au moins ces tiges élevées, au-dessus de la ligature. Il y aurait diminution dans le sarment recueilli à la taille, mais ce serait peu de chose, puis l'avantage serait très grand pour la récolte et pour l'économie de temps et de perches.

Le second consisterait à placer un troisième fil de fer. On taillerait en bas au niveau du premier sur des cordons faciles à conduire et sur courson, soit jet taillé à deux yeux. Les deuxième et troisième fils serviraient à palisser les jets à mesure qu'ils s'élèveraient, rabattant sans pitié tout ce qui dépasserait celui-ci au-delà de huit pouces; de la sorte on aurait des tiges de hautin du plus beau coup-d'œil, très-régulières et à branches espacées, ce qui faciliterait beaucoup la maturation.

On aurait tort de se faire un monstre de ce dernier procédé, avec les fils de fer il est très-simple et très-facile; on peut même laisser monter au-dessus du premier fil d'en bas quelques branches alongées qui doubleront le produit; en les espaçant par intervalles alternés avec goût, la réussite est assurée.

(1) Je veux parler de l'homme des champs.

On peut en voir un modèle chez les frères Rivoire, jardiniers à Bourg ; on forme ainsi à peu de frais des rideaux ou des abris, si recherchés en horticulture.

On ne peut pas être bon cultivateur et bon vigneron, voilà un dit-on que j'ai souvent entendu répéter ; je puis assurer que rien n'est plus vrai, je le vois chaque jour sous mes yeux : la culture de la vigne, en Bresse, est presque une insulte à Bacchus ; on recherche son produit, mais on fait peu pour l'avoir. Puis, le vin, comment l'obtient-on ? O vignerons du Bugey, laborieux et patiens cultivateurs du raisin, je vous invoque ici ! vous souffririez trop de voir comment on tient nos vignes... restez dans vos montagnes où Bacchus vous sourit, pressez votre vin de garde, provignez vos ceps généreux !

Quand on veut hâter la maturité du raisin, il faut découvrir peu à peu et souvent dès l'instant qu'il est *varié ;* si on le faisait avant, la grappe souffrirait, étant frappée trop brusquement par les rayons solaires ; c'est aussi pour cela qu'on ne doit relever que lorsque le raisin est changé, et encore faudrait-il ne commencer cette opération que par un temps couvert ou pluvieux ; un jour ou deux sans soleil suffisent pour éviter tout danger ; en relevant, bien des feuilles sont mal tournées, mais la nature leur a donné un *instinct* pour reprendre leur position naturelle.

On doit découvrir peu à peu, ayant le soin de n'en pas trop faire à la fois, si ce n'est huit jours avant la vendange, alors on doit abattre toutes les feuilles qui ombragent le raisin ; on obtient ainsi un bon degré de maturité de plus que ceux qui négligent ce soin.

Les feuilles du bas jaunissent aux approches des vendanges et tombent souvent : la nature nous indique par là qu'il faut élaguer, car c'est en vue de la perfection du fruit que la feuille se détache pour le découvrir.

Il est bon de rabattre aussi les bouts de tige des petites branches où souvent pendent des grappes trop couvertes : la sève que ces feuilles attirent profitera au raisin.

En somme, le soleil mûrit le bois; le bois mûr conditionne le fruit; le soleil donne à celui-ci la couleur et surtout le sucre et l'alcool : ainsi découvrez à propos, découvrez beaucoup !

III.

VIGNES BASSES.

On cultive aussi, en Bresse, la vigne en cépages peu élevés de terre; le plus grand nombre en est à peine à 6 pouces. Dans ce sol la vigne est peu vigoureuse et pousse de faibles jets.

On néglige de l'attacher à des supports, et les ceps s'entrelaçant, et rampant, on fait un vin de peu de qualité, parce que le soleil ne lui donne pas d'alcool. On a de la peine à parcourir la vigne; on heurte, on secoue les grappes si on veut y pénétrer.

Mais il est très-rare de voir les cultivateurs aller dans les vignes pour découvrir le raisin; comme elles ne sont closes que par des épines sèches, consolidées avec des pieux à l'entrée, pour ne pas la reboucher, on ne s'y rend qu'au moment de la récolte. Ces clos, souvent écartés des bâtimens, justifient ce défaut de visite. Le raisin s'en ressent et le vin est médiocre. Cependant, il y a de très-petits clos, ainsi écartés, qui font un vin réellement agréable, mais qui se conserve peu.

Dès la première année, il peut déjà se boire.

Ce défaut de garde provient-il de la culture, du plant, du sol ou du cuvage? Peut-être la cause est-elle due à ces quatre choses?

En effet, le défaut de soleil qui colore et sucre le raisin, lui enlève son alcool et son bouquet, en un mot, toutes les parties qui le constituent et qui contribuent à sa durée.

La nature du plant entre pour beaucoup, soit dans la qualité, soit dans la force du vin. Je connais tel raisin qui ne donne qu'un vin plat, et tel autre plant, dans les mêmes terrain et exposition, qui fait un vin plein de feu et de garde. Je conviens aussi que le même raisin, dans le bas du coteau, produira un vin mou et de peu de durée, tandis qu'à mi-côte, ce liquide sera en tous points supérieur; mais, à conditions égales, le plant jouera néanmoins un grand rôle dans la durée du vin; le sol y participe aussi. Ce fait est tellement démontré que je ne m'étendrai pas davantage à cet égard.

Le plant cultivé en vignes basses est le *Bourguignon* noir, raisin de peu de qualité dans ce sol. Ce raisin me paraît être le *Gamet :* la grappe est forte, et les grains principaux très-gros; il est très-fleuri. Le *Pineau noir* ou Bourguignon est petit, ses grains aussi; ce n'est donc pas celui-là.

Le mode de cuvage est, après ces trois conditions, ce qui offre le plus de garantie pour la conservation des vins ; on le laisse souvent trop long-temps fermenter; quelquefois encore, on néglige de mélanger dans des proportions égales le vin tiré de la cuve avec le pressurage : c'est un vice capital, et je ne conçois pas comment une telle faute peut être commise, et comment on n'a pas compris, tout d'abord, que le vin tiré et celui qu'on presse, bien différens de l'un de l'autre, ne pouvaient être séparés ! En effet, ils ne sont qu'un tout et partie d'une même chose. Le cuvage est plus sucré, moins coloré; le vin pressé est plus noir et plus ambré ; il faut que la combinaison de ces élémens réunis s'opère dans le tonneau. L'essai en a été fait, et on a mis à part le vin tiré et le vin pressé : ce dernier s'est très-peu conservé ; il était sujet à la pousse, même dans les crùs distingués du Haut-Bugey.

Mais on revient généralement de cette fausse pratique, et dans la Bresse même, où nos cultivateurs sont si peu vignerons, on a reconnu qu'il faut toujours tirer le vin sur sa douceur. Malgré ce soin, le vin rouge qu'on y produit se conserve peu. Le raisin, mieux soigné ou frappé du soleil, produirait-t-il un vin qui durât davantage? Son prix, à Vonnas, année commune, est de 40 francs les deux hectolitres ; je l'ai payé 60 francs quelquefois.

Les vins blancs de hautins, produits du *Chardonnet*, sont bons quand on les laisse mûrir assez. Ils sont sujets à la *graisse* (1) et sont très-capiteux dans les bonnes années ; ils sont agréables à boire à la Saint-Martin, un mois ou deux après la récolte, et c'est ainsi qu'il s'en consomme le plus. Mais il faut les soutirer deux ou trois fois, pour écarter la grosse lie. Ceux récoltés dans les environs de Mâcon sont enlevés par les Mâconnais pour couper leurs vins rouges. A Vonnas, ils se consomment presque tous sur place et se vendent très-chers, année

(1) Voici un procédé simple et à la portée des cultivateurs pour *dégraisser* le vin : Pilez une livre de sorbes mûres ou de nèfles, mettez-les dans votre mâconnaise, battez bien, laissez reposer deux heures et transvasez ensuite ; si votre vin est fin, collez et mettez en bouteilles quand il est clair. Si l'opération ne réussissait pas après le mélange des sorbes, recommencez avec une nouvelle dose.

commune : le double hectolitre se vend 40 francs, pris au pressoir et enlevé à l'instant : c'est l'usage du pays.

Je conseille donc à ceux qui ont des vignes basses de les tenir liées à des tuteurs, de les sarcler avec soin, afin que le soleil, dardant sur le sol, ne soit pas absorbé par l'herbe, et surtout de découvrir le raisin en temps convenable, d'essayer d'un autre plant noir et d'en associer plusieurs pour faire leurs vins. Je suis persuadé qu'ainsi ils se garderont mieux, et acquerront plus de qualité. Un tiers de *Chardonnet blanc*, cuvé avec les raisins rouges, aurait pour effet de prolonger la durée du vin et lui communiquerait plus d'alcool, car ce raisin est très-sucré.

CHAPITRE III.

PLANTS CULTIVÉS DANS LE DÉPARTEMENT DE L'AIN.

I.

REVERMONT. — BAS-BUGEY. — ENVIRONS D'AMBÉRIEU. — HAUT-
BUGEY. — ENVIRONS DE BELLEY. — SEYSSEL.

Dans une grande partie de la Bresse, on ne voit que du
Gamet noir qui produit beaucoup, mais qui ne fait qu'un vin
très-médiocre. On le cultive en treilles, soit hautains. Les
habitans qui préfèrent la quantité à la qualité ne se décideront
jamais à le retrancher. Puis il faut bien reconnaître que ce
n'est pas sur des hautins qu'on peut espérer de faire du bon
vin rouge, quel qu'en soit le plant. On ne tient pas, en Bresse,
à la réputation du vin qui se consomme dans les fermes et dans
les cabarets de village, lieux où la dégustation s'opère sans
prétention (1).

(1) Le raisin est, en Bresse, une récolte dérobée : on se donne peu de
peine pour l'obtenir ; cependant on est charmé de le trouver sur le pressoir.
L'usage du vin se répand de plus en plus dans nos campagnes, et le moment
viendra où il faudra que chacun en produise. Chaque fermier déjà tient à

Le *Chardonnet blanc*, cultivé de la même manière, est très-répandu et donne un vin qui a du mérite dans certains cantons. Si on le laissait mûrir convenablement en le découvrant de bonne heure, comme ce plant est précoce, on récolterait plus souvent du vin meilleur. Il est très-recherché surtout pour couper les gros vins rouges du Mâconnais. Dans l'arrondissement de Trévoux, dans celui de Bourg et de Pont-de-Vaux, ces deux raisins sont très-répandus.

Dans les environs de Pont-de-Vaux, où le *Chardonnet blanc* mûrit très bien et fait du bon vin, on possède une variété, le *Chardonnet musqué*; il fait également du bon vin qui est agréable en mangeant. On commence à le connaître en Revermont; il existe notamment à Meillonnas.

Le *Chétuan*, raisin noir, que je soupçonne être un gamet, n'ayant pu le vérifier, est très-répandu dans quelques cantons revermontains; à Meillonnas, il est la base des vins rouges. Je ne sais pourquoi toute la chaîne n'a pas adopté le *Mécle* qui fait si bien à Ceyzériat, à Revonnas et à Journans, trois communes qui se suivent. Nos propriétaires bourgeois savent cependant qu'avec ce raisin on fait du vin rouge assez bon et qu'on peut avoir du vin blanc excellent. Salins, dans le Jura, et *Gravelles*, dans le Revermont, sont là pour le prouver.

Au lieu de travailler ainsi à l'amélioration de leurs vignes, les propriétaires les abandonnent à la routine des vignerons qui ne recherchent que la quantité. C'est ainsi que depuis une

---

récolter du vin; les gens de peine en exigent pour moisson, pour battre et pour faucher, de tous ceux qui en font; le goût du vin se glisse ainsi parmi le peuple, et le dimanche les cabarets sont pleins.

dixaine d'années, un notaire de Meillonnas apporta de Saint-Trivier-sur-Moignans un raisin dénommé *Gros-plant;* il est fade, exige beaucoup de chaleur pour mûrir, mais comme il est productif, cela suffit aux faiseurs de *liqueur rouge.* Ceux qui voudraient conditionner des vins fins n'iront jamais choisir une variété à gros fruits ou qui se charge beaucoup ; ou bien, si cette variété a du mérite, ils auront le soin de ne pas la fumer, afin que son produit soit moins abondant, et par suite, plus parfait.

Il y a en Bourgogne un raisin qu'on nomme *Pinot blanc* ou *Chardennet;* on le dit très-vigoureux. Je regrette de ne pouvoir constater l'identité de ce raisin avec le *Chardonnet* de Bresse; il semble qu'il y ait de l'analogie : le nom pareil est déjà un rapprochement intéressant. Dans l'arrondissement de Belley et à Culoz notamment, le *Chardonnet* fait un vin parfait et mûrit toujours bien, car il est précoce ; à la description qui m'en a été faite, je pense que c'est le même que celui de Bresse. Il est fort curieux de l'y voir implanté à une aussi grande distance, sans qu'on en cultive un seul dans le rayon intermédiaire qui est de vingt-quatre lieues.

Il y a encore le *Bourguignon* qu'on cultive dans les vignes basses : il se taille très-près de terre et on soutient ses tiges au moyen d'échalas. Ce raisin mûrit assez bien; il est précoce : mais est-il bien nommé? Il a des grains ronds et gros, très-inégaux; il est très-fleuri; ce *Bourguignon* pourrait bien être un gamet, ainsi que je l'ai déjà dit.

Quelques chasselas petits et dégénérés, quelques plants de muscat rouge se laissent apercevoir dans les cultures de la

Bresse : on ne les y maintient que pour les manger à la main.

Dans le Bugey, on cultive une grande quantité de variétés de vignes ; il y en a de très-médiocres que la routine du pays s'obstine à conserver.

Je place en première ligne, comme étant le plus répandu, le *Meximieux;* ce raisin a la baie petite, ronde, un peu ovale, noire, la pulpe cotonneuse et laissant échapper son moût quand on la presse. Il donne beaucoup de couleur au vin et réussit dans les sols pierreux.

Pelossart. — On cultive sous ce nom un raisin noir, très-gros, très-sucré, bon à la main et propre au vin. Il est avec le précédent la base des vins fins de la contrée : c'est au hameau de St-Germain qu'il est le plus répandu. Ce raisin donne du feu au vin et produit beaucoup. Il vient dans les terrains profonds et forts ; mais l'exposition du midi et un sol en pente lui conviennent particulièrement.

Le *Chevalin* est un raisin blanc, très-précoce et très-sucré ; il est toujours pourri quand on récolte le vin blanc : ce qui est aux yeux des vignerons un indice pour la maturité de la vigne ; mais sa récolte ainsi altérée offre peu de produit. Si on avait le bon esprit de séparer ce plan dans des cantons à part et de le presser seul, on aurait de bonne heure un vin blanc recherché. Je lui trouve beaucoup de ressemblance avec le *Chardonnet* de Bresse ; cependant sa feuille est très-cotonneuse, ce doit être un *Savignien.*

La *Fuselle jaune* est propagée dans quelques cantons : c'est un raisin blanc, très-sucré, imitant assez mal un fuseau, d'où lui vient, sans doute, son nom. Ce raisin ne mûrit bien que dans les années chaudes ; il domine à la *Sommeillère*, vignoble renommé d'Ambérieu.

La *Fusette verte* a la forme de la précédente, mais elle ne la vaut pas ; elle est moins répandue.

Le *Chasselas* est très-renommé aux Abbéanches ; il est clair, alongé ; c'est le pur Fontainebleau. Il y existe surtout une variété légèrement musquée qui est d'une distinction très-grande ; le raisin est court, petit, grains gros, très-croquans, peu productif ; le sol lui communique son léger goût de musc ; il le perd si on le transporte ailleurs.

Le *Chasselas rose*, le *Muscat blanc*, sont cultivés par curiosité. Un gros *Malvoisie rose*, à grappes quelquefois énormes, se distingue des autres variétés ; la feuille est très-découpée. Ce raisin est une singularité plutôt qu'un avantage pour les vignobles.

Le *Teinturier* se voit peu ; cependant les vignerons en couchent quelques ceps à raison de sa couleur. Le *Petit noir* est répandu, car il est productif. Le *grain farineux* est un raisin qu'on s'obstine à cultiver dans certains cantons, surtout dans les vignes des habitans de Bettans. Il mûrit très inégalement, ses grappes offrent toujours des grains verts, de roses et de noirs ; aussi le vin qui en provient est-il sans valeur. Mais il produit bien, et voilà pourquoi on le conserve, et cela, qui le croirait, à *côté du Meximieux et du Pelossart* qui font si bien !

Le Mornan est la base du vin blanc ; il est très-productif. Ce raisin, bien connu, n'a pas besoin, je pense, d'être décrit. Une variété que je regarde comme entièrement sauvage, a disparu du pays, c'est l'*Invalous*, nom qui, probablement, vient d'*Avale-loup*, car ce raisin est presque toujours avorté : il ne donne pas dix grains sur une longue grappe. Le *Mêcle* du Revermont est cultivé dans les environs d'Ambérieu et fait un vin supportable. On le cultive à Saint-Jean-le-Vieux, mais il ne remonte pas du côté de Torcieu. Telles sont les variétés connues dans le canton d'Ambérieu.

II.

VIGNES DU REVERMONT. — SES PLANTS, SA CULTURE, SES VINS.

Dans le Revermont, la vigne se cultive sur des pentes peu élevées, mais très-propices; le sol calcaire, entremêlé de détritus de roches et de fragmens pierreux, est favorable à la vigne. Le plant qu'on y cultive de préférence est le *pulsart* ou pelossart du Jura, raisin rouge à grains alongés; il mûrit bien, parce qu'il est précoce. Ce raisin est bien connu; c'est lui qui produit les vins rouges d'Arbois et des *Arçures*, si renommés; c'est encore avec lui qu'on fabrique à Salins un vin façon Champagne, si bon et si recherché, surtout celui de M. *Thiébaut*. Là aussi on en fait un vin de paille très-estimé (1).

Dans le Revermont, le vin n'est pas aussi renommé, et si j'en crois l'histoire, les habitans de Bourg le trouvaient détestable et allaient se pourvoir autrefois à Mâcon même, dédaignant le rude vin du crû. Il est juste cependant de noter ici que ce produit s'est sensiblement amélioré, et qu'il y a des

(1) A Salins, dit M. Bourgeois, propriétaire, on possède tant dans les vignobles que dans les jardins, près de 60 cépages dont quatre seulement fournissent le raisin pour le vin. Ce sont : en noirs, le *pulsart*, le *trousseau*; en blancs, le *melon*, le *sauvignon*. Ce dernier plant diminue, on dit que la qualité des vins en souffre et qu'il contribuait à leur durée. (*Journal de l'Ain*, du 4 avril 1848.)

localités surtout où l'on récolte un vin léger, très-agréable,
qui se conserve long-temps en bouteille.

Dans le Revermont, ce raisin se nomme *mècle*, nom qui
peut lui venir du mot patois *mechlio*, mêler, parce qu'on aura
conseillé dans le temps de l'adjoindre aux autres plants du
pays pour faire du bon vin. Ce raisin, très-bon et fertile, se
sera ainsi vu préféré après son importation. Il est bien connu
et son feuillage, à cinq lobes très-prononcés, ne ressemble à
aucun autre. On soigne mal ce cépage qui, taillé en arc, n'est
soutenu que par des baguettes très-minces; il pousse faiblement.
On ne relève rien, on ne découvre jamais, et le vigneron re-
vermontain redoute même les effets du soleil pour ses vignes;
il craint qu'elles ne séchent. Cette appréhension n'est pas jus-
tifiée, quoique la couche du sol soit peu profonde et sujette à
souffrir de la sécheresse. Je ne l'inviterai pas à changer les
soutiens de ses ceps, à cause du sol peu épais qui les alimente,
mais je lui dirai de découvrir souvent et de relever aux approches des vendanges. A bonne exposition, j'ai du *mècle* toujours
très-brun et très-sucré; celui du Revermont est peu coloré,
rouge-rose et surtout acide. En l'exposant mieux au soleil, on
ferait souvent du vin très-bon et plus coloré, au lieu d'une
liqueur acerbe, sans couleur et de peu de durée.

Il y a des *crûs* à Ceyzériat, à Revonnas, à Journans, où le
vin, dans les bonnes années, est très-bon et se conserve long-
temps. Je dois noter ici que j'en ai de cette dernière localité
qui a plus de quinze ans et qui est encore dans toute sa force;
j'en ai eu précédemment qui avait trente ans !

Pourquoi fait-on du vin meilleur dans les années chaudes?

4

Parce que la nature a, par excès de calorique, fait ce que l'homme pourrait obtenir dans les temps ordinaires, ou à peu près ; elle mûrit le fruit en dépit de l'homme qui le tient couvert; années communes, en découvrant à propos, on aurait un produit réellement meilleur.

Il est bien avéré que le raisin caché par les feuilles est le premier qui varie : sa peau est, en effet, plus tendre et plus impressionnable; mais si vous ne mettez pas à l'air et au soleil ce même raisin, il reste sans saveur et se pourrit promptement si l'automne est humide. Il faut au raisin de l'air ambiant, chargé de calorique; de la lumière, et surtout du soleil qui le frappe, pour développer en lui la partie sucrée qui produit l'alcool et pour colorer la grappe, la partie colorante contenant le bouquet et le tannin, si propice à la digestion.

On cultive aussi, en Revermont, le gamet noir, le chétuan, qui est un gros plant noir, et en blanc, le chasselas, le mornans et du chardonnet musqué.

Le *mécle* ou *pulsart* réussit très-bien en treilles et charge beaucoup dans les terrains riches; il y pousse plus vigoureusement. J'en ai vu qu'on a introduit en Bugey, à St-Germain, près d'Ambérieu; taillé suivant le mode du pays, c'est-à-dire en coursons de deux à trois yeux, il produisait très-peu, poussait faiblement, bien qu'à côté, d'autres cépages du pays fussent très-productifs et vigoureux. Mais, chose remarquable, ce raisin s'était dénaturé : le grain était presque rond, le fruit petit, et très-noir. Cette coloration démontre que le soleil peut donner à ce plant beaucoup de qualité. La vigne, on le sait, dégénère facilement et ses raisins se transforment eux-mêmes , suivant les latitudes où on les cultive (1). La taille plus ou moins longue concourt à cette mutation dans le produit. Je suis persuadé que , dirigé en treilles, le *mècle* réussirait à St-Germain , près d'Ambérieu , comme partout ailleurs. Ce qu'il y de certain, c'est que j'en cultive en treilles dans la Bresse , et il vient parfaitement. J'en parlerai dans un instant.

Le *mècle* offre un double avantage qui est assez rare : c'est qu'il est bon à manger à la main et qu'il fait du bon vin. D'ordinaire, nos raisins de table font de très-mauvais vin. Le *Pelossart,* autre espèce de raisin rouge cultivée en Bugey, offre le même avantage, mais rigoureusement, pour faire un vin de garde et bon , il faut volontiers lui adjoindre le *Meximieux,* autre plant noir cultivé simultanément.

Avec le *mècle* même , on ferait, dans le Revermont, nos vins façon champagne aussi bon que celui de la Comté ; car il ne faut pour cela que du moût sucré et le même genre de plant. Pour le vin rouge, c'est différent; il faut, en outre, un sol convenable et tous les élémens que la vigne peut assimiler à une latitude et dans un air ambiant, requis pour égaler les bons crûs.

(1) Voir *Rosier* au mot *vigne.*

III.

VIGNES DU BAS-BUGEY, AMBÉRIEU, ST-GERMAIN, TORCIEU, LAGNIEU, VAUX, LA CÔTE DU RHÔNE.

Dans le Bas-Bugey et dans les localités que je viens de nommer, à l'exception des bords du Rhône, on taille la vigne à deux yeux sur trois ou quatre branches; puis comme elle pousse vigoureusement, le sol étant profond, on la fixe à des échalas très-forts et souvent renouvelés. Cet entretien est une grande dépense; il est à la charge du vigneron. Là, du moins, la vigne est traitée avec intelligence et demande beaucoup de soins; la culture est difficile. La terre est forte, et pour l'entamer, on se sert d'un instrument à deux bouts, long, très-recourbé, qu'on manœuvre à l'aide d'un manche court, on le nomme *piarde* ou *fossou; piarde*, parce qu'en effet on pioche la vigne avec; *fossou*, parce qu'on creuse les fosses ou provins, destinés à recevoir les tiges que l'on couche.

On relève souvent dans le cours de la saison; puis aux approches des vendanges on découvre le raisin autant qu'on le peut. Chaque cep est espacé convenablement. Les vignerons ont un soin particulier des vignes qui leur sont confiées : si un raisin touche terre et qu'une pierre plate soit à portée, ils ne négligeront pas d'y faire reposer le raisin. Ceci annonce le goût de la culture. A St-Germain, hameau d'Ambérieu, c'est ainsi surtout que les choses se passent. Là on respecte fort la vigne : personne ne touche au raisin par appétit ou par gourmandise ; les voleurs y sont inconnus, parce que tous les hommes sont vignerons et sentent le prix du travail et des sueurs de l'année. Si, par hasard, on a dérobé quelque part une partie de la récolte si précieusement attendue, on a d'abord découvert le coupable, et quelques coups de bâton promptement administrés ou telle autre correction en font bonne justice ; il n'est pas besoin de témoins et d'un procureur de la république pour cela ; encore moins s'avise-t-on d'appeler en aide les lenteurs de la justice.

Rien n'est plus généreux que le vigneron bas-bugiste ; il donne à boire à tout le monde ; quand s'ouvre la vendange, il a du plaisir à offrir ses produits ; mais il est si jaloux, que c'est un crève-cœur pour lui de voir quelqu'un toucher aux raisins avant l'heure de la récolte. J'ajoute qu'il a parfaitement raison d'être ainsi ; que son maître lui demande un panier de raisins, il ira le cueillir lui-même avec joie et le rapportera triomphant ; mais que les enfans de celui-ci en dérobent aux ceps, il éprouvera une cruelle douleur.

Ces braves gens, laborieux cultivateurs, ne craignent pas leurs peines : quand ils ont entassé les pierres qui les gênent dans la vigne, ils font sur place de larges fossés, puis ils les enterrent : aussi, l'œil n'est pas fatigué là par ces énormes *murgers* qui encombrent les vignes du Revermont.

On cultive en Bas-Bugey un assez grand nombre de plants ; je vais les passer en revue.

Les propriétaires qui font du vin blanc cultivent :

1° Le *Savignien blanc,* qu'ils nomment *Chevalin.* C'est un raisin à petits grains, souvent ailé, très-sucré et jaune à la maturité; il est très-précoce et mûrit avant les autres plants, ce qui fait que souvent ils sont pourris quand on vendange; mais on dit qu'il faut qu'ils soient ainsi pour que le vin blanc soit bon. Ce raisin a la feuille peu lobée, lisse, veloutée, et à duvet en dessous, il est fertile, son bois vigoureux.

2° Le *Mornan,* c'est celui qui fait la base du vin blanc; il est trop connu pour que je le décrive ici.

3° Le *Chasselas,* également bien connu. Cette variété, dans quelques vignobles, a toutes les qualités du plus pur Fontaine-bleau; les vignerons le nomment *Larda.*

4° *Petit Chasselas musqué,* peu fécond, grappe courte, baies grosses, fermes, craquantes, légèrement et finement musquées, ambrées du côté exposé au soleil. Ce raisin est exquis; mais il ne conserve son goût musqué que dans le sol des Abbéanches où il est seul connu. Son parfum se perd quand le raisin est cueilli depuis quinze jours.

Transplanté ailleurs, il conserve sa forme et ses qualités, moins le goût de musc; il n'a qu'un pepin dans chaque baie. Comme on le voit, ce cépage a tous les caractères d'un plant très-civilisé, c'est-à-dire très-amélioré.

On ne le cultive que pour manger à la main; et si le maître ne tenait à sa propagation, les vignerons l'auraient dès long-temps remplacé, car il produit peu.

5° La *Fusette jaune.* Petit raisin à grains très-serrés, goût sucré mais un peu acerbe, qui lui est particulier; productif, mûrit bien, fait un bon vin blanc, jaune d'or à la maturité.

6° *Fuselle verte*. Semblable au précédent, et toujours de couleur verte.

7° *Invalous*. Raisin d'un blanc verdâtre, avorte constamment; la grappe n'offre ainsi que quelques baies très-espacées. Peut-être est-ce là d'où lui vient son nom patois : *invalo* ou *avale-loup* (1), *raisin avalé*. On le détruit partout et je crois qu'il en reste à peine quelques ceps.

8° *Muscat blanc*. Grappe longue très-serrée; grains très-fermes et craquans; goût musqué très-fort; ne mûrit qu'à bonne exposition; assez fécond; très-ambré du côté du soleil. Tous ces plants sont cultivés en souches, taillés à deux yeux et font très-bien.

9° *Pelossart blanc*. Superbe raisin à grosse grappe, longues ailes, grains ovales, doux. Ce plant est rare et je me hâte d'en parler avant qu'il disparaisse. Il est gros, ailé, à baie allongée, d'une forme remarquable; comme il a quelque analogie avec le pelossart noir, on lui a donné son nom. Il est peu sucré. Vient-il de Bordeaux, comme on suppose que son homonyme noir en a été tiré? Personne ne peut le dire. Dans l'*Empélographie* de Roxas *Clemente*, il est fait mention d'un plant bordelais, qui a beaucoup de ressemblance avec notre pelossart noir ci-dessus décrit. Il est très-possible qu'à une époque déjà reculée, on l'ait tiré du midi. Sa venue l'annonce, car il est tardif; d'un autre côté, la tradition l'établit, c'est un indice qui mérite quelquefois d'être pris en considération.

Le vin blanc de Vaux, canton de Lagnieu, se fait avec la

____

(1) Dans le patois bugiste, loup se dit *lao*.

fusette jaune. Ce vin est liquoreux, joue le Madère et se garde très-long-temps. Cette fusette, raisin très-serré, comme je l'ai dit déjà, paraît très-répandue. Je crois qu'elle est la même que celle qu'on cultive à Culloz sous le nom de *roussette*. C'est le plant qui fait le vin de Seyssel mousseux.

A Lagnieu, on ne connaît que le Meximieux, raisin fade, et qui, seul, produit un vin gros et sans agrément. Cette commune est bien arriérée. Il n'est pas rare de voir ses habitans vous servir sur table du Meximieux, raisin mou et très-mauvais à manger. Dirait-on que Lagnieu est au centre de la bonne culture viticole et que tous les lieux environnans pullulent de bons raisins à manger ?

IV.

RAISINS ROUGES.

1° Le *Meximieux*. Raisin long, clair, souvent ailé, grains ronds, petits, très-noirs, fertile; aime les sols pierreux; grappe rouge quand le raisin est bien mûr, ordinairement blanche, ce qui tranche avec le noir du raisin.

Ce cépage est le plus répandu; c'est la base du vin dans les communes d'Ambérieu, Bettans, St-Rambert, etc. C'est lui qui colore le vin; seul, il fait un vin assez commun; peu agréable à manger. On remarque quelquefois des raisins d'une longueur extrême, à rafle plate, phénomène que je n'ai remarqué que sur cette espèce.

D'où provient ce raisin? Est-ce de Meximieux, comme son nom l'indiquerait? Je l'ignore, mais je n'ai vu sa description ni son analogue nulle part.

Son feuillage est lobé et se colore souvent de pourpre à la fin des vendanges.

2° *Pelossart*. Raisin gros, d'un noir rouge, grains serrés, se gênant dans la grappe; très sucré; peau charnue, agréable à manger, fait de très-bon raisiné en grains et se sèche au four. Ce raisin, très-répandu, est d'un grand produit. Il s'allie très-bien au Meximieux, car l'un fait la couleur, l'autre donne le feu; seul, il produit un vin clairet, agréable; mais mélangé, il fait un très-bon vin de garde ; pousse avec vigueur, s'accommode des terrains argileux ; comme il est tardif, il lui faut un terrain chaud.

Il est remarquable par son feuillage vert-luisant, souvent entier ou trilobé, denté très-aigu... rubescent en automne, et surtout par de secondes grappes plus petites qui sortent aux aisselles des branches. On les nomme *conscrits* parce qu'elles ne mûrissent pas et viennent après les autres:

3° *Montmélian*. Raisin sans ailes, rond, très-noir et fleuri ; bien connu, s'allie bien aux deux précédens ; peu répandu en Bas-Bugey.

4° *Tainturier*. Trop connu pour être décrit ; vient bien en treille. Peu répandu en Bas-Bugey.

5° *Malvoisie*. On cultive sous ce nom un très-gros raisin rose, à grains énormes ; il y a souvent sur les jeunes ceps des grappes monstres ; productif, bois canelle rose, vigoureux ; feuillage lobé, à dentelures très-aiguës, aspect particulier. Grain ferme, sucré, mais peu relevé ; se cultive peu et seulement pour la quantité.

6° *Grain farineux*. Le raisin ainsi nommé est très-gros, d'un rouge rose, mûrit inégalement ; ce caractère est constant et bien tranché, ce qui lui a valu son nom, car la grappe présente ainsi des nuances différentes. Très-productif, mais sans vertu pour le vin. Il n'est propagé que par quelques propriétaires vignerons qui s'obstinent à le conserver par habitude. On le remarque dans les vignes des cultivateurs de *Bettans*.

7° *Petit Noir*. Ce raisin est petit, a la grappe peu allongée, serrée, grains se gênant, coloré de noir et très-fleuri, productif, peu répandu, mais s'allie bien aux autres dans la confection du vin.

8° *Muscat rouge*. Bien connu, cultivé pour la table seulement.

Telles sont, à très-peu d'exceptions près, les variétés du Bas-Bugey. Les plus répandues, celles qui font la base du vin, sont les numéros 1 et 2. J'ai parlé des attentions du vigneron bugiste pour ses vignes ; ce n'est que là que j'ai vu mettre à exécution une idée simple et très-bonne, qui démontre ce que j'avance : quand des raisins, bons à manger, bordent une route, où un chemin à talons, le vigneron ne manque pas, quand vient la maturité, de les barbouiller au lait de chaux ; ils sont mis ainsi à l'abri de la dent du passant ou des animaux. Cette précaution me rappelle involontairement ce distique d'Horace :

Nux ego juncta viæ cùm sim sine crimine vitæ,
A viatore saxis prætereunte petor.

V.

PLANTS DE LA BRESSE.

Chardonnet. — Raisin blanc, petit, fertile, à grains moyens, inégaux ; souvent ailé, et a un aspect triangulaire, jaune à maturité, ambré du côté du soleil, tiqueté de points d'ombre, feuille au tiers, quelquefois trilobées profondément (1), très-sucré, peau dure, réussit très-bien en treille, et c'est le seul cultivé pour faire le vin blanc hâtif.

Bourguignon. — Raisin moyen, grains gros, inégaux , très-noir et bien fleuri, sucré , productif, réussit en vignes basses, fait du vin bon, mais qui se garde peu ; demanderait à être mélangé à d'autres plants ; feuille trilobée à dentelures grandes et petites , quelquefois crubescentes à maturité.

(1) Sur tous les ceps, même ceux à feuilles entières, il y en a toujours de lobées plus ou moins, et de très-échancrées. Il faut voir l'ensemble du cep pour bien juger de son feuillage.

VI.

PLANTS DU HAUT-BUGEY.

Les vins de Cerveirieu, Béon, Culloz, Machuraz, si renommés, sont le produit de la *Moduse*. Ce raisin remarquable est noir, gros et grand.

Aux Altesses, en Savoie, vignoble en grande réputation pour son vin blanc, qui est liquoreux et de garde, la moduse est également préférée, mais c'est pour le vin rouge ; le blanc doit être le produit de la *Fusette* ou *roussette*. On n'a pu me l'affirmer.

La *Blanchette* est cultivée encore à Culloz et aux environs ; c'est un raisin très-bon à manger et pourtant le grain est tendre. On le propage de préférence au chasselas craquant, dont on sait cependant apprécier le mérite. La blanchette domine dans le pays.

La *Roussette*, raisin blanc très-bon, a le fruit serré, tout jaune à la maturité, très-fécond et très-précoce ; mais comme il a la baie serrée, il est sujet à pourrir dans les années humides, ou dans les sols trop gras et trop fumés : cela se conçoit très-bien.

Le *Chardonnet* abonde également dans ces localités ; il est très-précoce, mûrit très-bien et fait un vin blanc excellent et spiritueux. Mélangé avec la roussette, dans des proportions convenables, il fait merveille. A la description que m'en a faite un vigneron, *Pierre André*, de Culloz, ce chardonnet est le même que le nôtre de Bresse.

A Culloz, on provigne encore quelques *Montmélians*; car ce raisin séduit l'œil par sa forme et ses noires couleurs; mais on le tient dans de justes proportions, et la *moduse* reste en possession de la vogue.

Dans le pays de Gex, la vigne est peu prospère; le climat est froid et le raisin mûrit mal; le sol est ingrat et ne produit que du vin très-âpre; mais les rudes gosiers des habitans des campagnes le préfèrent à tous, tant il est vrai que l'habitude est tout et que le vin du crû exerce un haut empire!

Nous citerons le *Fendant blanc* et le *Fendant vert*, comme les deux raisins qui font le vin blanc du pays de Gex. Ces variétés proviennent de la Suisse et y sont en honneur. Les vignerons de ce dernier pays cultivent admirablement la vigne; ils tirent parti des moindres accidens de terrain pour l'y propager; malheureusement le climat qu'ils habitent est trop froid; le raisin mûrit mal et ne donne qu'un vin vert, acide et très-âpre. Nos marchands de vin du haut et bas Bugey sont reçus à bras ouverts, quand ils amènent les vins de notre pays à Genève ou en Suisse : le plus médiocre leur semble du Beaujolais; le meilleur est pour eux du Vougeot!

Le *Fendant vert* est moins bon que le blanc; mais comme il est plus productif, on comprend que les vignerons le préfèrent. C'est là l'usage général des cultivateurs.

Les Gessiens ont depuis peu introduit un plant nouveau qui fait le vin rouge; il est noir, à petits grains, et s'appelle *Bordeau*.

VII.

BELLEY.

—

Nous avons dit qu'à Belley le vin qu'on récolte sur des hautins est de très-mauvaise qualité et de peu de durée. Il y a des exceptions : quelques clos isolés, cependant, sont réputés ; mais il paraît qu'un défaut capital dans la fabrication du vin serait le grand nombre de variétés que l'on condamne à cuver ensemble. M. A. C., dans un article remarquable sur la *Nécessité d'améliorer la culture des vignes dans le département de l'Ain*, signale plus de cent variétés de raisins dans les environs de Belley, en 1818. Je regrette qu'il ne nous ait pas donné leurs noms (1).

Cependant, le territoire de Belley a des pentes très-convenables pour la vigne ; le choix des variétés produirait de très-bon vin, quelques exemples rappelés par l'auteur précité, peuvent l'établir : en 1788, on planta le clos de *St-Sébastien* de *Gamet noir*, tiré de Bourgogne ; on eut plus tard un vin fin et délicat qu'on prenait pour du Beaujolais. Ainsi, ce *Gamet* qui fait le désespoir des œnophiles en Bourgogne, produit des merveilles à Belley. Pareil essai fut fait à *Machuraz* par le général Dallemagne, et à Montarfier par MM. Cullet ; il a très-bien réussi.

(1) M. Anthelme Cyvoct père, médecin à Belley.

L'auteur de la brochure évalue, en 1818, les terrains du département emplantés en vignes basses, à 19,000 hectares ; ce ne serait pas être loin de la vérité que de dire aujourd'hui que ce nombre a doublé. Ce fait seul nous démontre la cause de la baisse du prix des vins et l'indifférence des marchands.

M. A. C., jetant un coup-d'œil sur les vignes d'Ambérieu, reconnaît que la culture est parfaite, mais les vins très-médiocres, ce qu'il attribue au choix des plants qui mûrissent mal. Il est certain que les variétés pourraient être mieux choisies, et que les propriétaires font peu d'essais en ce genre ; l'introduction de plants précoces serait, à coup sûr, la cause d'une grande amélioration ; car c'est toujours le défaut de maturité qui fait que les vins sont mauvais. Le pelossart est un raisin tardif et serré, qui produit, mélangé au meximieux, un très-bon vin quand ces raisins mûrissent, mais le fait arrive rarement.

Les vins de la *Dauphine*, de *Darèze*, de la *Combe-Fournier*, *Rempon*, des *Abbéanches*, de la *Pannissière*, sont très-bons quand ils mûrissent ; ils sont faits avec le pelossart et le meximieux, à peu près à parties égales. Ils sont riches en bouquet, et veulent être bus de trois à dix ans. Ces vins sont généreux et acquièrent de la qualité en voyageant ; les vins demandent à remonter pour s'améliorer. On conseille pour leur donner, autant que possible, cette qualité factice, de les soutirer plusieurs fois pendant l'été ; on opère ainsi par là des secousses qui suppléent au voyage.

Les engrais doivent être épargnés dans les vignes où l'on prétend faire du bon vin : c'est un fait constant, reconnu, à ce qu'il parait, depuis une haute antiquité : la coutume de *Quercy* de 1275 défendait (art. 15) de fumer les vignes et d'y mettre aucun engrais. Ce fait semble prouver qu'alors, pour avoir la quantité de vin, on fumait beaucoup : ce qui nécessairement devait détériorer cette liqueur. On peut induire encore de là qu'à cette époque le vin était rare et cher.

En 1785, M. de Borssat trouve les vignes du Revermont en mauvais état. Il se plaint des échalas multipliés et élevés, ainsi que de l'abandon des vignerons qui laissent leurs vignes sans soins, depuis les premiers jours de juin jusqu'à la récolte.

Les raisins connus en Revermont étaient à cette époque :

Le *Mécle*, le *Chétuan*, le *Mornan*, le *Gouais* ou *Gouan*, puis le gros plant ou gamet que l'auteur ne conseille pas de cultiver, ainsi que le *gouan* qu'on provigne pourtant avec prédilection.

Le mécle aurait été apporté du Piémont par les ducs de Savoie qui encouragèrent en Bresse la culture du raisin.

L'auteur a cru voir que le *Petit-Noirin*, qui serait le meilleur plant de Bourgogne, fut transplanté en Revermont et qu'il a dégénéré ; il va jusqu'à supposer que le chétuan en descend.

Il dit que les vins blancs ne résistent pas aux chaleurs de l'été : cela tient au vice de fabrication, au défaut de soutirage non *répété*, en temps opportun, et surtout au défaut de méchage des tonneaux.

Ces vins se sont améliorés, sans doute, car je n'ai pas entendu parler de ce vice capital dans leur conservation.

❖

VII.

CONSIDÉRATIONS SUR L'ABONDANCE DE LA VIGNE ET SUR LES EFFETS DES GELÉES. — VÉGÉTATION DE 1847.

1. *Anciennes années d'abondance.* La vigne donne quelquefois des produits considérables, on cite surtout l'année 1801 comme la plus remarquable. On ne savait où mettre la récolte, et par défaut de vases vinaires, un grand nombre de propriétaires laissèrent plus d'un tiers de vendange sur pied. On en mettait dans tous les ustensiles imaginables. On donnait un tonneau plein pour un tonneau vide. Le fait suivant sera plus propre à faire apprécier le peu de prix du vin alors. Un vigneron vendit six fûtes vides, on ne le payait pas. L'acquéreur, voulant éviter des poursuites, et ne pouvant rendre à l'instant les fûtes, parce qu'elles étaient pleines, offrit de les livrer avec le vin en le donnant par-dessus le marché, mais le vigneron aima mieux l'argent de ses tonneaux que le contenant et le contenu; personne ne donnait un sou du vin, et il fallait de l'argent pour avoir du pain.

Nous avons eu depuis lors quelques années d'abondance, mais aucune n'approche de 1801.

2. *Gelées remarquables.* La vigne ressent les effets du froid de plusieurs manières : elle peut être fâcheusement atteinte à

diverses phases de sa végétation. Ainsi l'hiver le bois gèle en entier si le froid est rigoureux et soutenu ; il y a quelques années des pieds entiers en espalier périrent. Quelquefois c'est le jeune bois qui est seul atteint ; la moëlle alors devient noire et à la taille il faut rabattre absolument près du bois sain. Tantôt ce sont les yeux seulement qui gèlent, mais l'arrière-bourgeon , s'il n'a pas souffert, remplace l'œil principal. Admirable prévision de la nature, ce petit œil à peine visible se développe avec une force très-grande, et la sève s'y porte avec plus de célérité comme pour rattraper le temps perdu et pour réparer l'effet de la gelée sur les yeux principaux.

Le froid du printemps est à redouter, et quoiqu'il n'agisse pas de même que celui de l'hiver, voici ce qui le rend dangereux. Les gels et dégels de la nuit et du jour fixent la vapeur de l'atmosphère sur le bourgeon ; elle se congèle sur l'œil, et le soleil venant à le frapper, le brûle, car la glace fait alors l'office d'un verre interposé , et la transition subite du froid au chaud atteint l'œil. On a pu remarquer, en effet, que si la glace fond sans que le soleil paraisse , l'œil de la vigne ou ceux de tout arbre à fruits n'auront pas de mal.

Les retours de température froide se font quelquefois sentir pendant que le cep est chargé de grappes ; ainsi dans l'automne de 1739, il a gelé si fortement au mois d'octobre, qu'un cep énorme, de plus d'un mètre huit décimètres de tour, auquel pendaient encore les grappes , fut entièrement gelé.

La vigne est profondément altérée par le froid ; elle en souffre plusieurs saisons de suite. Souvent si c'est une treille, il faut supprimer des branches entières, et l'harmonie est rompue pour plusieurs années. Si c'est sur une vigne basse que le froid s'est fait sentir, la récolte en est perdue pour l'année, mais souvent la suivante est compromise encore, parce que la vigne a poussé tard, qu'elle n'a fourni qu'un bois faible et peu mûr. Les vieux pieds surtout sont dans ce cas.

Mais il faut le reconnaître aussi, la providence veille pour nous souvent, car à la suite des gelées qui ont atteint en partie la vigne, nous voyons celle-ci fructifier comme par enchantement : des yeux à fruit sortent abondans du bois qui reste, et des grappes nombreuses viennent réjouir le vigneron.

3. *Coup-d'œil sur la végétation de l'année* 1847. Je citerai l'hiver de 1846 à 47 qui occasionna des avaries sur les ceps de vigne. Dans mon jardin, plusieurs perdirent des branches entières ; les yeux qui restaient ne marquaient pas au printemps, et je crus que je n'aurais pas du bois sain et disposé à fruit. Cependant ces prévisions étaient mal fondées, la végétation, un instant endormie, se réveilla bientôt, et une abondante récolte est venue m'enrichir. Chacun sait combien cette année 1847 a été féconde ; quelques localités toutefois n'ont eu qu'un gain médiocre, je citerai dans notre département les côteaux de Saint-Germain près Ambérieu (Bugey).

Un fait remarquable mérite d'être constaté. J'ai des ceps de *morillon hâtif* noir en treille, ils ont donné trois récoltes. Deux de ces récoltes ont mûri, grâce à la précocité de l'espèce, la troisième était très-avancée quand la vigne a perdu ses feuilles ; le raisin était coloré, mais non suffisamment mûr. A quoi doit-on attribuer cette étonnante fécondité ? L'année a été très-chaude et très-sèche, et mes plants profondément enracinés dans un sol riche ont eu assez de force et d'humidité pour résister à la chaleur, car ce sont là, suivant les œnologues, deux conditions essentielles de toute bonne production ; le raisin ne peut braver impunément le solstice d'été, si ses racines ne plongent que dans un terrain léger et trop perméable.

Rien n'était aussi curieux à observer cette année que la floraison de la vigne quand les raisins principaux ont été formés ; il en est sorti d'autres à quelques yeux au-dessus , puis après ceux-ci un et deux encore plus haut et presqu'au sommet des bourgeons, si bien qu'on peut dire pour le morillon hâtif du moins , que presque tout l'été sa fleur au parfum de réséda embaumait l'air.

J'explique que dans toutes les petites brindilles qui, dans les bourgeons, sortaient depuis leur tiers environ jusqu'au bout, il y avait de petites grappes qui ont fleuri et noué; elles n'ont pas eu le temps de mûrir. Sur les ceps du morillon hâtif, il y en avait à toutes les aisselles. On comprend que ces grappilles étaient faibles, d'abord parce que chaque rameau en nourrissait d'autres au bas , mais ensuite parce que ces brindilles étaient petites et minces.

Simon-Roxas cite du reste des variétés qui sont constantes à se charger de rameaux secondaires et de grappilles , et d'autres qui donnent à peine des premiers et seconds raisins, même sur les souches très-jeunes et très-vigoureuses; on en peut tirer au besoin un bon caractère dans la description des variétés.

« Une vrille, dit le même auteur, n'est autre chose qu'un raisin qui ayant manqué de sucs appropriés, n'a pas pris plus de corps et ne s'est pas couvert de fleurs. »

Il est certain, quoi qu'en dise Rozier, que souvent les raisins tournent en vrille, cela se voit sur de jeunes ceps vigoureux s'il pleut trop avant la floraison. Je l'ai remarqué aussi, plusieurs vignerons, pour empêcher cet effet désastreux, ont l'habitude de moucher avec l'ongle et avant la floraison toutes les *vrillettes* qui tiennent au raisin.

Je dirai surabondamment qu'un auteur, à Florence, avait recueilli des vrilles dont toutes les extrémités portaient un grain bien formé (1).

Prés de ces raisins, j'élève d'autres variétés, également en treille; leur disposition à la fécondité, favorisée par la température sans doute, s'est montrée par la production de raisins secondaires au-dessus des deux premiers sortis de chaque rameau; ceux-ci appartenant à des variétés plus tardives, n'ont pas eu le temps de mûrir, mais ce qui démontre que c'est là une végétation exceptionnelle, c'est que jamais ils ne m'avaient présenté cet effet. Ces variétés sont du muscat noir et du chasselas. Je citerai le *pelossart* ou *mècle* du Revermont qui, cette année, a poussé dans les vignes des seconds raisins : je dirai, pour ceux qui ne connaissent pas les vignobles du département de l'Ain, que ces ceps y sont faibles et qu'ils poussent peu de bois; on les taille sur une branche qu'on bifurque au printemps. Il est remarquable que la production des seconds raisins se soit montrée sur des cépages peu vigoureux. Cela tient donc à l'année. J'ai dans mon jardin un fort cep de *mècle* en espalier, il a aussi donné pour la première

(1) Roxas, page 55.

fois des raisins secondaires, et j'ajoute qu'ils étaient presque mûrs en novembre. Ainsi le même phénomène a eu lieu sur la même variété, quoiqu'à des distances et à des conditions dissemblables ; je tenais à le noter.

Je sais qu'il est des variétés qui, chaque année, ont une tendance à porter des raisins secondaires ; le *pelossart* ou *plant de Bordeaux*, cultivé au hameau de Saint-Germain, est du nombre, et on désigne son deuxième produit par le nom de *conscrit*. Ces seconds raisins ne mûrissent jamais, cela tient évidemment à ce que c'est une variété tardive.

Il est donc raisonnable, d'après ce qui précède, de reconnaître que ce luxe de végétation productive est un phénomène qui tient à l'année 1847.

Si j'avais à faire une application de ce que j'ai dit, je conseillerais aux vignerons de s'appliquer à ne cultiver que des variétés précoces, sauf à les propager dans des proportions raisonnables pour établir la qualité du vin ; car on sait que tel plant donne le feu au vin, tel autre la couleur et le bouquet. Dans le hameau de Saint-Germain, le *savignien blanc*, qu'on nomme chevalin, est toujours pourri quand on récolte le vin blanc ; ce plant, essentiellement propice à la localité, devrait s'allier au morillon noir hâtif, au pulsart ou mècle, si l'on veut, et j'y joindrais une quatrième variété noire, très-précoce, peu connue, et que je désigne sous le nom de raisin de *Vendeins* ; je suis persuadé que toutes ces variétés, réunies dans un terrain calcaire, en pente au midi, à Saint-Germain par exemple, produiraient un excellent vin, et d'autant meilleur, qu'il serait toujours plus que mûr quand on commencerait à récolter l'autre dans le pays, c'est-à-dire en octobre.

Suivant moi, du plus ou moins de savoir et d'application sage de cette règle, peut et doit dépendre la qualité future du vin dans une localité. En effet, pourquoi quand nous n'avons que du vin vert, ou bien sans vertus, se fait-il que nos voisins ont mieux réussi? c'est parce que leur plant a plus mûri et qu'il diffère du nôtre; je connais tel propriétaire qui s'obstine à cultiver un raisin qui ne mûrit jamais bien. Le choix du cépage est aussi, après la nature propice du sol, un élément de qualité future dans le vin, et en général on reconnaît que moins la vigne produit, et meilleur le vin est. Ceux qui préfèrent la quantité ne savent pas le tort qu'ils font à leur récolte. Pour en donner en passant un exemple, je citerai ce malheureux *gamet*, dont on disait déjà du temps de *Rozier : Ce gamet tuera la Bourgogne.* Il est reconnu aujourd'hui plus que jamais, et nos congrès de vignerons en ont retenti, que le gamet est le fléau des viticulteurs; s'il est productif, s'il est doux à la main, il détruit la qualité des vins et paralyse les cuvages où d'autres meilleurs raisins sont en fermentation. On le voit, le vigneron inintelligent s'obstine à le propager, parce qu'il produit beaucoup, et les propriétaires bourguignons, au contraire, qui tiennent à la réputation de leurs vins, font tous leurs efforts pour le retrancher.

La routine est si forte, ai-je dit déjà, que je doute que la raison l'emporte sur elle; il faudrait volontiers, pour réussir, que chaque propriétaire fît comme une personne que je connais, c'est-à-dire qu'il prît une serpe et coupât lui-même tous les ceps proscrits.

Le vice de cette obstination de certains vignerons leur est

pourtant démontré tous les jours. Ils mêlent constamment dans la cuve une variété très-mûre avec telle autre qui ne l'est pas ; quel dommage ! mais rien ne les porte à changer. Dans toute réforme on redoute la peine, on craint un ajournement de récolte, puis chacun n'en sent pas la nécessité. Aussi dirai-je que le seul remède efficace, c'est que le maître du vignoble fasse lui-même un essai sur une partie de son champ, qu'il la soigne à sa charge et y combine ses variétés, puis enfin que le produit obtenu et sagement confectionné vienne démontrer aux plus aveugles l'avantage de l'imiter.

En transportant chez nous des plants de Bourgogne, il est certain que nous n'aurons pas du vin de Bourgogne ; je ne décrirai pas les motifs de cette différence, ils sont exprimés dans le cours de cet essai ; mais il est clair cependant que si dans nos localités tardives, nous plaçons des variétés hâtives, nos vins seront améliorés. J'ajouterai même que nous en aurons de parfaits si nous réussissons dans la combinaison des diverses variétés, pour cela il faut faire des essais, et rien n'est plus facile. Le degré d'alcool contenu dans tel ou tel moût est une pierre de touche assurée. Il est des plants bien connus par leur pulpe colorée pour donner au vin ce bouquet recherché, et lui communiquer ce *tannin* vertueux dont l'hygiène s'empare pour restaurer les estomacs affaiblis. Le cuvage fait à propos est le degré le plus sûr de la perfection d'un vin quelconque (1).

---

(1) Les vins de la Comté, qu'on cuve pendant un mois au moins, n'ont pas de bouquet et affectent toujours une tendance à l'acidité. Le bouquet ne se conserve au vin qu'en le décuvant de bonne heure et *sur sa douceur*.

Mais je m'aperçois que je me laisse aller à la démonstration d'une expérience compliquée que je n'ai point pour but d'enseigner, et qui sort de ma compétence.

J'ai un raisin précoce qui a mûri en 1847 plus tard qu'une autre variété tardive. Ce fait, qui m'a frappé, mérite d'être constaté. C'est le plant de *Vendeins* (1), que j'élève en treille à l'exposition du matin et du midi, placé contre un pavillon ; il est toujours mûr dans la première quinzaine de septembre. J'ai un ceps en treille également, mais en plein air, du franc pineau de Bourgogne qui, année commune, n'entre en maturité que dans la seconde quinzaine d'octobre. Cette année ces deux raisins ont mûri en même temps, c'est-à-dire que le plus hâtif, le *Vendeins*, n'a mûri qu'avec le franc pineau dans la deuxième quinzaine d'octobre. Comment se fait-il qu'étant à si bonne exposition, et que mûrissant toujours de très-bonne heure, et un mois au moins avant le franc pineau que j'ai chez moi, ce raisin de *Vendeins* ait mûri si tard ? Je ne l'ai pourtant découvert que lorsque les grappes étaient déjà colorées, car je sais que le raisin qui varie, ombragé par les feuilles, est le plus tôt mûr. La sécheresse a été extrême, supposera-t-on que la privation d'humidité dans le sol et dans l'air est la cause de ce retard ; je reconnais, avec les jardiniers instruits, que cela a pu y contribuer, mais je réponds que mes autres ceps de pineau ont souffert de la même privation. Il est quelquefois des faits inexplicables, en attendant une solution, notre devoir est toujours de les constater.

(1) J'en parlerai à la suite de cet article.

CHAPITRE IV.

PLANTS DE VIGNES TIRÉS DE QUELQUES DÉPARTEMENS ET INTRODUITS EN BRESSE.

I.

En 1818, mon père obtint de la pépinière du Luxembourg, des plants de vigne tirés des différens points de la France, et qu'on y avait placés afin de constater leur identité. Il se hâta de les introduire dans sa propriété d'Epeyssoles, commune de Vonnas. Plusieurs ont très-bien réussi, quelques-uns ne se sont pas accommodés du terrain qui est très-compacte, blanc, et peu profond; le sous-sol est une argile dure qu'on trouve à deux décimètres et demi, ou tout au plus. Ayant continué de jouir de cette propriété après le décès de mon père, j'entreprends aujourd'hui de rendre compte de cette expérience; ce sera de ma part un hommage à sa mémoire, et peut-être aussi faire une chose utile.

Quoique mon père eût noté avec soin les cépages qu'il plantait, j'ai beaucoup de peine à les retrouver dans leur ordre : 1° parce que plusieurs ont péri et qu'ils étaient classés par numéros de position, les ceps manquant, ayant été remplacés par les survivans qui donnaient le plus. Ces ceps ont été d'abord mis sur quatre rangs et en treille, dans un coin à part, je n'ai pas l'inventaire de cette partie essentielle. Puis on les a placés *en double* le long d'une grande allée ; j'ai la note de ce travail par numéros et par noms désignés, mais comme je l'ai dit plus haut, il y a des lacunes. Cependant, c'est à l'aide de cette note que je vais essayer de décrire les différentes espèces qui me restent.

Voici d'abord le nom des plants apportés du Luxembourg ; ils sont tirés de quinze départemens et en vingt-neuf espèces ou variétés.

1°	Damery blanc. . . . . . . Servinien cendré . . . . . Servinien blanc. . . . . . Pineau noir.	Yonne.
2°	Chaliane.	Drôme.
3°	Saint-Pierre. . . . . Vicane blanc	Charente.
4°	Gros blanc	Moselle.
5°	Meslier blanc . . . . Perlé noir. . . . . *Id.* blanc	Jura.
6°	Pineau fleuri . . . . Pineau noir. . . . . . . *Id.* blanc	Côte-d'Or.
7°	Grosse perle. . . . . Saumoireau . . . . Chasselas musqué	Seine-et-Marne.
8°	Liverdun, bon vin	Vosges.
9°	Morillon noir. . . . . . . Meunier.	Bas-Rhin.
10°	Gamet noir	Haute-Marne.

11°	Chossine.	Aisne.
12°	Epicier, grande espèce. . . Jacobin blanc. . . . . . . Pineau noir. . . . . Epicier, petite espèce. . .	Vienne.
13°	Arbonne blanc	Aube.
14°	Savinien blanc	Mont-Blanc.
15°	Coulange noir.	On ne dit pas d'où il vient.

De ces vingt-neuf espèces ou variétés, je n'en retrouve que treize qui me paraissent bien distinctes et connues. J'ai de la peine à leur appliquer ma note d'enregistrement, je me vois forcé d'accompagner chaque raisin d'une description sommaire, afin que si je le désigne mal, ceux qui cultivent les mêmes plants puissent me rectifier et les comparer plus facilement. Malgré cet état incomplet, je n'ai pas hésité à entreprendre mon travail, parce que plusieurs de ces raisins réussissent parfaitement, et que je les regarde comme une précieuse acquisition pour le pays.

1. PETIT GRIS. Feuille verte, souvent entière uni-quarti ou quinti-lobée; raisin petit, très-serré, grisâtre ou *enfumé*. Grains ronds, mous, très-sucrés. Très-productif en treille; précoce, en appliquant ma note, ce serait le *Servinien cendré* de l'Yonne (1), et celui que Rosier nomme *Griset-Blanc*, pl. 7, tom. X, ou son *Muscadet-Malvoisie*, pl. XV.

(1) Beaucoup d'auteurs ont écrit sur la vigne; ils pèchent tous par des descriptions plus ou moins complètes. *Roxas Clémente*, auteur espagnol,

Ce raisin à cela de remarquable qu'il offre sur la même grappe des raisins blancs et des grains mélangés de gris et de blanc. Il y en a également de tout noirs et de mélangés de blanc et noir; cependant, sur la même grappe, les grains gris sont nombreux. Parmi les variétés de vignes, plusieurs sont hybrides, et souvent un défaut de culture les fait retourner à leur état primitif. Rosier cite le *Meunier* entr'autres qui offre des exemples de cette singularité et qui passe au *Morillon*.

D'après cet exemple, je penserais que ce *Petitgris* est le produit d'un raisin noir mélangé avec un blanc. On obtient, en mariant par approche deux ou trois ceps de couleurs différentes, des raisins qui ont ces mêmes couleurs sur une seule grappe. Cependant, il semble que le terrain soit pour quelque chose dans ces jeux de la nature, car Antil (1) assure en avoir vu, dans l'Amérique septentrionale, dont les grains sont ordinairement blancs dans les terrains élevés, et secs et noirs à proportion que ce terrain est plus bas et plus humide. Van-Mons attribue ce changement à la variation de la vigne.

2. FRANC PINEAU.

Feuille ordinairement entière, mais aussi tri ou quintilobée,

dans son *Essai* sur les variétés de la vigne, est le seul, à mon avis, qui ne laisse rien à désirer; il est même trop minutieux. En général, les caractères botaniques tirés des feuilles sont bons; mais on peut remarquer que le nombre des lobes varie dans les feuilles d'un même cep, qui en présente toujours d'entières parmi les plus découpées. On ne doit s'attacher qu'à l'examen des plus *grandes*. Pour moi qui n'ai point eu à *classer* des espèces, je n'ai pas cru devoir présenter des descriptions complètes.

(1) *Essai sur la culture de la vigne.*

maculée de rouge-brun sur les bords, rougeâtre ou entièrement pourpre à la maturité du raisin. Fruit petit, arrondi, noir et fleuri; grains serrés, mous, très-sucrés; productif, hâtif, vient bien en treilles. A la maturité, la rafle et le pédoncule deviennent rouges quand le fruit est mûr (1).

3. Chaliane. *(Drôme.)*

Feuille verte, grande, très-dentelée et trilobée. Fruit blanc pâle et mat, ce qui tient à la fleur qui le couvre; saveur agréable, mais particulière; productif, mûrit bien, bois vigoureux. Aspect d'un fruit distingué.

4. Chossine. *(Aisne.)*

Feuille verte à dentelures aiguës, quintilobée, d'un aspect particulier, très-rarement rubescente sur une partie du limbe. Bois rougeâtre, yeux éloignés. Raisin gros, pointu; grappe ailée, rose; grains tiquetés de points roux dont un au centre; ferme, sucré, très productif, mûrit bien; bois vigoureux.

5. Chasselas musqué. *(Seine-et-Marne.)*

Feuille verte, rarement rubescente sur une partie des bords, quintilobée, dentelure aiguë, aspect particulier; bois rou-

---

(1) Ce plant, le plus répandu dans la Bourgogne, s'y nomme aussi *Franc-Noirin*. Je suis porté à croire que le nom de ce cépage lui vient de la localité où on l'a le plus cultivé. Eustache Deschamps, mort en 1420, cite *Pinos* comme un endroit où l'on fabriquait du bon vin. Il en est de même du raisin *Dameri*, qui porte le nom du lieu où on le cultive.

·geâtre, yeux éloignés. Raisin gros, allongé, jaune doré à la maturité ; grains clairs, très-gros, ronds, légérement musqués, très-doux et craquans, très-sujets à se fendiller par la pluie ; produit moyen. Bois grand et très-vigoureux. Ce raisin mérite par excellence le surnom de *Uva apiana*, car les guêpes, les mouches et les frélons lui font une guerre acharnée. Je voulais même le supprimer par le motif que ces insectes gourmands ne m'en laissent que très-rarement. C'est assez faire l'éloge de sa qualité.

6. Epicier grande espèce. *(Vienne.)*

Feuille grande, allongée, très-peu lobée. Raisin blanc, jaune en mûrissant, très-gros, grappe ailée ; grains clair-semés, ronds, très-gros, tiquetés ; mous, un peu tachés de roux du côté exposé au soleil ; saveur acre ; extraordinairement fécond. Bois fort, couleur canelle. Vient parfaitement en treilles.

7. Epicier petite espèce. *(Vienne.)*

Feuille entière, jaune à la fin d'octobre. Raisin blanc, moyen, grappe claire ; grain petit, mou, sucré, tiqueté de points roux, un plus gros au milieu ; très-fécond. Plant vigoureux en treille.

8. Gros Pineau. Pineau noir. *(Côte-d'Or. Vienne. Yonne.)*

Feuille entière, quelquefois trilobée, la dentelure du sommet très-aiguë, peu rubescente. Raisin noir, grappe claire, courte, grain ovale allongé, mou, très-sucré. A la maturité, la rafle s'empourpre. Assez productif.

9. .... (1).

Feuille verte, trilobée ou entière. Les vieilles feuilles, à l'époque de la maturité, sont érubescentes autour du limbe, dentées très-aigu, d'un vert lustré. Fruit noir, moyen, pédoncule allongé, grappe ailée ; grain ovale, tiqueté avant de varier, pulpe charnue. Bois jeune vert-clair ; très - vigoureux. Il ne convient nullement à la Bresse ; il lui faut plus de chaleur que nous n'en possédons sous nos 48 degrés de latitude.

On cultive dans le Bugey, à Ambérieu et au hameau de Saint-Germain surtout, un raisin qui me semble identique avec celui-ci ; on le nomme *Pelossart*, parce que ses grains gros ressemblent à des prunelles ou *pelosses*. Je cultive le Pelossart du Bugey à côté de ce plant-là, et la ressemblance du feuillage et du bois est frappante. Seulement le fruit diffère un peu. Le plant du Bugey mûrit plus tôt, mais il est mieux exposé. Il est très-possible que ce soit le même ; ce serait chose curieuse que ce rapprochement inattendu. Le *Pelossart* du Bugey, suivant l'opinion du pays, provient de Bordeaux.

10. SAVINIEN BLANC. *(Mont-Blanc.)*

    PINEAU BLANC. *(Côte-d'Or.)*

    JACOBIN BLANC. *(Vienne.)*

    ARBONNE BLANC. *(Aube.)*

Feuille arrondie, quintilobée, forme très-remarquable et tranchée. Fruit blanc, grappe arrondie, allongée et fournie ; baie ronde, couverte d'une fleur blanche, tiquetée de points

______

(1) Dans le doute, je n'ai pas voulu mettre un nom à ce cépage.

6

noirs ; goût sauvage et particulier. Je ne puis mieux le comparer qu'à la *Fusette* jaune d'Ambérieu, raisin bien connu et
très-répandu, surtout à la *Sommeillère*. Ce plant est productif
et mûrit bien en treille.

11. Ce raisin est peut-être un des quatre désignés sous le
n° 10.

Feuille entière ou quintilobée, légèrement arrondie. Fruit
petit, baies rondes tachées de roux; deux pépins très-petits
dans chaque grain. Plant peu productif. Aspect d'un fruit
sauvage.

12. **Perlé noir**? *(Jura.)*

Feuille trilobée, sans échancrure, ou bien profondément
creusée, dentelures aiguës, grandes, quelquefois empourprées.
Fruit gros, allongé, grains peu serrés, longs, mous, sucrés,
charnus. Bois rougeâtre; tardif, peu fécond.

13. **Gros blanc**? *(Moselle.)*

Feuille moyenne trilobée, variant dans ses lobes. Grappe
ronde, fournie de grains ronds, serrés, sucrés. Plant très-
fécond et vigoureux; mûrissant bien.

14. **Pineau noir**? *(de la Vienne.)*

Fruit noir, baie allongée, moyenne, pédoncule gros, grappe
claire et sujette à avorter.

On voit par ce qui précède que les n°s 1, 2, 3, 4, 6, 7, 8, 10,
13, sont des plants à propager, et qu'ils réussiront très-bien en

Bresse. Ils sont dans un terrain fort; je ne le fume presque pas. Les ceps les plus anciens ont trente ans, et rapportent toujours bien. C'est donc une expérience qui sera profitable à la contrée. On peut avec certitude introduire ces espèces ou variétés dans les cultures de la Bresse. La disposition en hautins leur convient parfaitement, et c'est ainsi que je les conduis toujours.

M. Bouchardat a fait des expériences sur les cépages de Bourgogne, qu'il a communiquées, en 1847, à l'Académie des sciences. La quantité de sucre de raisin que chaque vin renferme lui suffit pour connaître le degré d'alcool. Les *Pineaux* qui font le meilleur vin de Bourgogne sont aussi les raisins qui contiennent le plus d'esprit. Les cépages qui produisent beaucoup sont ceux qui s'épuisent le plus vite; trente ou quarante ans, c'est, suivant lui, l'âge le plus avancé qu'ils puissent atteindre. Mais M. Bouchardat a démontré que cette courte durée de fertilité tient à l'épuisement du sol qui, chaque année fournit un des élémens constitutifs du vin; cet élément est la potasse. Ainsi, plus le terrain contiendra de potasse, plus les cépages produiront de vin. D'après cette expérience, chacun de nous voit quel est l'unique genre d'engrais qu'il doit donner à sa vigne. Je ne fume pas mes ceps de *Pineaux* qui ont plus de trente ans; ils produisent toujours beaucoup. Cette variété me paraît très-propre à la Bresse.

Le printemps prochain, quelques amateurs pourront être désireux de se procurer de mes cépages. J'en remettrai avec empressement à ceux qui m'en demanderont avant la taille.

Tous ces raisins ne sont pas agréables à manger à la main. La plupart, et les plus gros surtout, sont destinés à faire du vin, se distinguant par la quantité et non par la qualité. J'ai déjà dit quelque part : un fruit gros et bon, abondant et sucré, est chose rare dans les grosses espèces en général, surtout chez nous, et je sais que Van-Mons soutient que les fruits récens de semis produisent beaucoup sans que la qualité en souffre : j'ai besoin d'en faire l'expérience.

Les raisins décrits sous les n°s 1, 2, 3, 5, 8, sont très-agréables à la main.

Je livre donc à la publicité ce résumé imparfait d'une expérience que j'ai voulu sauver de l'oubli, et que je n'ai pas songé a suivre dans le temps. J'étais fort jeune quand mon père a déposé ces vignes dans son enclos de Bresse. L'essentiel était d'avoir le nom de toutes les espèces introduites et de pouvoir dire avec quelque certitude celles qui se sont bien naturalisées. Leurs véritables noms peuvent se retrouver facilement plus tard, dans le cas où celui que je donne ne serait pas exact ; on pourra faire, au besoin, des comparaisons plus complètes. Ainsi, sur 29 variétés, la moitié à peu près aurait réussi chez nous : ce serait déjà là un résultat satisfaisant.

Le 12 ventôse an XII, le gouvernement chargea les préfets de lui adresser à Paris des plants de vigne des diverses localités de chaque département.

Le secrétaire de la Société d'Emulation adressa à M. le préfet de l'Ain des croisettes des différens plants de vigne du Revermont, pour les transmettre à M. le ministre de l'intérieur.

Il eût été à désirer qu'on nous eût renvoyé bien classés les noms de ces variétés de vignes.

C'est encore là une expérience qui, comme tant d'autres,

n'a pas porté fruit : en France, nous avons peu l'esprit de suite.

En 1840, M. le professeur Fleurot, conservateur de la pépinière d'expériences pour les variétés de vignes, réunies à Dijon, a répandu un catalogue où sont notés beaucoup de raisins français et étrangers (1). Je n'y vois figurer sous leur nom aucun de nos raisins de l'Ain. Mais sans doute quelques-uns sont enregistrés dans ce recueil sous d'autres dénominations. Il serait à désirer que l'on pût adresser à la pépinière de Dijon toutes nos variétés afin de les ramener à une synonymie uniforme. Ce serait rendre à tous un grand service, car quand on parle de vignes entre amateurs, on ne s'entend plus.

(1) Liste alphabétique et par département ou contrée des vignes cultivées au jardin botanique de Dijon, en 1840.

II.

INTRODUCTION EN BRESSE DE QUELQUES PLANTS DU REVERMONT, DU BUGEY, OU DE SEMIS MODERNES.

1. Le *Mècle* du Revermont est peu cultivé dans les jardins, si toutefois il l'est. Je sais que je n'en ai jamais remarqué, même à Bourg. Sans doute le voisinage seul des vignes qui le produisent et la circonstance qu'un grand nombre des habitans de cette ville possèdent un vignoble dans le Revermont en sont la cause. J'en ai planté plusieurs ceps dans mon jardin de Bourg, où je les élève en treille; ils font très-bien. Ces raisins ont des grains fort gros. A l'exposition du midi, ce raisin est toujours mûr de très-bonne heure.

Transporté à cinq lieues de Bourg, dans mon clos de Vonnas, il végète aussi très-bien. Là, il est dans un terrain blanc. Quelques ceps placés dans une partie peu fumée produisent encore, mais les grappes sont très-claires et les grains petits. Ce plant serait une bonne acquisition, je crois, pour les vignes basses de la Bresse, et s'allierait bien avec le Bourguignon noir, presque seul propagé avec quelques Gamets.

2. Le *Pelossart* du Bas-Bugey donne les mêmes résultats : à Bourg, élevé dans mon jardin et en treille, il se charge de fruits très-gros et savoureux; il conserve tous ses caractères

(voir sa description). Transporté aussi à Vonnas, il vient bien, mais il est un peu tardif. Dans un emplacement où le sol est maigre, ses grappes sont minces, à peau dure et à pulpe fade et molle : c'est ainsi qu'il se comporte en Bugey même, dans les vignes maigres et peu fumées. Mais avec une bonne culture et quelques fumures, il ferait très-bien en Bresse. La nature du sol pourrait à coup sûr altérer ses qualités intrinsèques ; l'expérience, du reste, apprendrait jusqu'à quel point la chose aurait lieu. Mais ce serait encore, malgré cela, une acquisition à faire. Les vins blancs de Vonnas tournent à la graisse ; mélangé avec le Chardonnet, sans doute le Mêcle produirait un bon effet. Pour le vin rouge, en le mettant pour moitié dans la cuve avec le Bourguignon noir, je suis sûr qu'il lui donnerait du feu et le relèverait beaucoup.

3. Le *Chasselas royal,* ou chasselas rouge, produit aussi beaucoup dans mon clos de Vonnas ; le sol y est peu fertile cependant, et ce plant aime les terrains riches ; j'en ai vu une treille énormément chargée, à Belley, dans un jardin ; elle offrait un coup-d'œil de toute beauté. Ce raisin mûrit bien, est très-fécond, s'acccommode, comme on le voit, de divers sols, et vient à plusieurs latitudes. C'est donc un plant à propager. Mais comme il est très-bon à la main, je doute qu'il contribue à donner de la qualité au vin : il aurait, du reste, cela de commun avec tous les autres Chasselas. On sait qu'une particularité de ce raisin est de se colorer en rouge dès que la fleur est passée.

4. *Chasselas rose.* Ce raisin fin et délicat se cultive au

hameau de Saint-Germain, commune d'Ambérieu (Bugey). Il est peu répandu dans les vignobles, parce qu'il se mange à la main; mais il mérite d'être propagé. J'en ai introduit en Bresse, il y fait bien.

5. *Muscat blanc.* Cette variété, à grappe serrée, à grains petits, se colore fortement en jaune roux à la maturité. Elle réussit en Bresse.

6. *Muscat noir.* Raisin bien connu, à grains clair-semés, ronds, très-noirs. Fait bien en Bresse à Vonnas et à Bourg. Je crois que c'est celui que décrit Rosier, page 182, au mot *vigne.*

7. *De Vandeins.* Raisin moyen, serré, noir, très-fleuri, très-productif et précoce, mûr dans les premiers jours de septembre; sucré. Feuille entière, à bords largement dentés, quelquefois érubescente à la maturité. Ce raisin est une variété nouvelle, peu répandue; je crois, après de nombreuses informations, être remonté à son origine. Il y a plus de cent vingt ans qu'on le cultive à Vandeins, dans le jardin de la cure; il y en a peu dans la commune, ce qui me ferait supposer qu'il a pu être apporté par un desservant d'alors. Toujours est-il que tiré de là, il y a cent vingt ans par le grand-père d'une femme âgée que j'ai eue à mon service en Bresse, il s'est retrouvé chez elle où je l'ai pris.

Les frères Rivoire, jardiniers à Bourg, en ont un qui possède quelqu'analogie avec le mien quant au fruit, mais il mûrit plus tard et le feuillage est différent. Du reste, il provient de chez M. Vaissière, Lyonnais, qui l'a *trouvé*, en 1816, sur un saule à *Perrache*.

Je regarde le raisin de Vandeins, en raison de sa fertilité et de sa grande précocité, comme une excellente acquisition, et je crois être le premier qui l'aie répandu et fait connaître régulièrement.

8. *Isabelle*. Ce raisin moderne, à grains noirs, très-fleuris, à goût prononcé de cassis, est déjà très-connu des jardiniers ; j'en ai introduit en Bresse où il fait très-bien ; les gens du pays le recherchent, et son goût leur plaît; ils le trouvent *drougo*. Ce cépage est le plus vigoureux de ceux que j'ai vus. Il pousse des jets énormes, et comme il s'accommode du terrain, je crois qu'on ferait bien de greffer dessus des espèces rebelles au sol, et pourtant quelquefois très-méritantes.

9. *Chasselas fécond*. J'ai obtenu de semis à Bourg, en 1839 ce raisin très-productif; son bois est vigoureux. Transporté à Vonnas, dans un terrain fort, il conserve ses qualités; je le regarde comme une bonne acquisition.

10. *Chasselas roux*. Idem de mes semis 1838. Très-bon, croquant, très-roux du côté du soleil; bois gris, yeux très-rapprochés.

Ces essais, faits à Vonnas, peuvent encourager l'introduction de quelques-unes de ces espèces, ce n'est qu'ainsi qu'on peut améliorer son vin pour l'ordinaire. Car on s'obstine souvent à continuer la culture de variétés épuisées ou qui réussissent mal.

III.

VINS ANCIENS, VINS MODERNES.

On nous parle beaucoup des vins des anciens : ils ont peu de rapport avec les nôtres. Ils connaissaient les vins cuits qui, par la conservation et l'évaporation successive au sein du foyer domestique, acquéraient quelquefois la consistance d'un mastic épais. *Pline* parle de vins gardés pendant cent ans. On les délayait avec de l'eau avant de les boire, puis on les passait à travers un linge ; c'est ce qu'on appelait : *saccatio vinorum.*

Martial conseillait de filtrer ainsi le *Cæcube* :

Turbida sollicito transmittere Cæcuba sacco.

Gallien parle de quelques vins d'Asie, qu'on suspendait dans le coin des cheminées dans de grandes bouteilles ; ce local s'appelait *fumarium;* puis on désignait aussi par les noms d'*horreum vinarium, apotheca vinaria,* les greniers des maisons où on conservait les vins de cette nature. Mais ce n'était là qu'une boisson fade et sucrée, propre tout au plus à réjouir les femmes et les enfans : les hommes recherchaient les vins spiritueux, et tout nous porte à les admettre comme ayant existé concurremment avec les vins sucrés. Ainsi Gallien et Athénée ont déterminé l'âge rigoureux auquel on pouvait boire certains vins. Le *Falernum* commençait à être potable à dix ans et durait quinze à vingt ans ; passé ce terme, il était lourd à digérer et *donnait sur les nerfs*. L'*Albani*, de deux sortes, l'une douce, l'autre acerbe, se conservait bon pendant quinze ans ; le *Surrentinum* vingt-cinq ans ; le *Triburtinum* dix ans ; le *Lubicanum* dix ans ; le *Siquimum* six ans ; quant au *Gauranum*, il était fort rare, et nos auteurs ne semblent le rappeler que pour mémoire.

Dioscoride cite le *Cæcubum dulce*, le *Surrentinum austerum* ; Pline vante le vin d'*Albe*. Les Grecs avaient le *Protopon*, ou vin non foulé, et le *Deuterion*, ou vin foulé. Plus tard, les Romains désignaient ces deux espèces de vin par *vinum primarium* et *vinum secundarium*.

Je ne rappellerai pas les divers usages du vin chez les Romains, ni sa rareté, ni les lois qui furent faites tour-à-tour pour le défendre ou le proscrire. Je dirai seulement que dans notre Gaule, après l'introduction en grand de la culture de la vigne, le terrible Domitien, de triste mémoire, ordonna un jour sa destruction totale ; et cela après une année de disette des grains, comme si la vigne y avait été pour quelque chose ! Pour se laisser entraîner à cet édit désastreux, il a fallu que le barbare empereur ou détestât le vin, ou que ses conseillers intimes en eussent horreur eux-mêmes. Cette interdiction pour la Gaule, remonterait en l'an 92 ; elle dura près de deux siècles. Probus, après avoir donné la paix à l'empire, rendit aux Gaulois la liberté de replanter la vigne ; l'ardeur que chacun mit à la propager atteste suffisamment les souffrances de la privation. Les vieillards, qui s'acheminaient lentement vers la tombe sans être réchauffés par un vin généreux dont toutes les vertus salutaires leur revenaient à l'esprit, excitaient les jeunes gens à hâter la production d'une récolte si chère, et qu'ils ignoraient encore. C'est ainsi que la vigne s'est améliorée en se régénérant jusqu'à nous.

Nos procédés de fabrication diffèrent sans doute en beaucoup de points de ceux des anciens : si nous n'avons pas tout inventé, on ne saurait nous refuser que nous avons beaucoup perfectionné. La chimie moderne nous apporte chaque jour le tribut de ses lumières et de ses découvertes.

Ainsi, au lieu des vins *durcis* des Romains, au lieu de leurs vins cuits à évaporer, nous avons nos vins de Malaga, en Espagne, nos Frontignan et nos Lunel si délicieux. Puis nos vins rouges fermentés sont encore bien supérieurs, voire même au *Falerne* si doux d'*Horace*. Les diverses préparations romaines, pour la plupart nauséabondes, ne doivent pas nous donner une bien haute idée de la délicatesse et du goût des hommes de ces temps reculés. A cet égard, il est bon de rappeler que les jattes en terre, où on conservait certains vins, étaient préalablement enduites de goudron ou d'autres ingrédiens.

Il est douteux, malgré l'autorité d'un auteur latin, que les Romains aient connu les vins mousseux ; et je dirai s'il est en ce genre rien de comparable au véritable Champagne ! L'usage des vignes hautes provient des Romains ; il s'est conservé partout où ils ont pénétré. Ainsi, nous le voyons persister en Savoie, en Dauphiné, en Saintonge, etc... Les vignes basses sont imitées des Grecs ; ceux de Marseille ont apporté ce procédé chez nous. (*Economie publique des Celtes*, par Régnier, p. 481.)

Je terminerai ce court chapitre par un coup-d'œil sur la fabrication et sur les qualités du vin dans notre département à une époque reculée et de nos jours.

En 1750, une ordonnance parle des vins du Revermont pour nous annoncer qu'ils auront seuls le privilége d'être bus à Bourg. Qui le croirait, si les habitans de notre ville avaient le goût assez bon pour aller acheter des vins de Mâcon, et s'ils dédaignaient les crûs du Revermont, on leur imposa cependant de se pourvoir exclusivement dans cette dernière localité. Ainsi, un arrêté en bonne forme, émanant des autorités bressanes, et sanctionné, suivant sa *teneur,* par des lettres-patentes *très-royales*, fut pris dans ce sens en 1750. Je ferai grâce au lecteur des noms des signataires, car il me répugne trop de clouer moi-même ces étonnans privilégiés au pilori du ridicule qui seul doit en faire justice.

Il faut l'avouer, pourtant, messieurs du conseil, propriétaires en Revermont, ne pouvaient pas vendre leur mauvais vin à Bourg ; et, chose triste à dire, une exception fut faite, mais en faveur toujours des propriétaires. Ceux qui avaient des vins de leurs crûs dans la *Basse-Bresse*, étaient admis à en entrer en ville *pour leur consommation,* mais ils ne les encavaient *qu'en présence* du syndic ou de ses adjoints. Pour que ces magistrats descendissent à remplir un aussi pauvre devoir, il fallait, à coup sûr, qu'ils fussent eux-mêmes intéressés à cet internat obscur, et qu'ils redoutassent la concurrence que ces vins pourraient leur faire ! Est-il possible d'être aussi aveugle et aussi jaloux !.....

Le vin du Revermont était-il si détestable alors par défaut

de culture, ou par mauvaise confection ? Ces deux circons-
tances concouraient sans doute à déprécier les vins de ce
pays. Ce qui le prouverait, c'est qu'en 1789 encore, tous les
vins du Revermont *poussaient* dans l'été sans faute. Un vieil-
lard qui date de ce temps m'a confirmé ce fait. Cependant il y
a maintenant des parties du Revermont où le vin est parfait
dans certaines années. J'en fais honneur aux clos qui le produisent, puis encore à la bonne confection.

Il paraît qu'autrefois, le raisin du Revermont mûrissait de
très-bonne heure, et qu'on vendangeait à la mi-août ; cela ré-
sulte d'une charte de la commune de Ceyzériat, du XIIIe siècle.
Le pays était très-boisé alors, et naturellement la fraîcheur de
l'air, les vapeurs chaudes du jour, qui se condensaient dans
les bois d'alentour pendant la nuit, communiquaient à la vigne
du voisinage cette humidité si nécessaire pour enfler le raisin ;
car on le sait, pendant les chaleurs de l'été, le raisin reste sta-
tionnaire ; les premières pluies seules qui surviennent alors
hâtent son développement et le font mûrir. Si je conjecture
juste, plus nous irons, plus on doit vendanger tard, car le Revermont, en général, se déboise chaque jour ; la vigne envahit
ses pentes, et bientôt les pluies, épuisant et entraînant le sol,
n'en feront qu'une arène infertile, grillée par le soleil et impropre à maintenir, comme devant, la fraîcheur des nuits et
l'humidité des terres supérieures, état si nécessaire au développement des vignes du bas des côteaux !

Maintenant ce même vin ne redoute plus la concurrence du
Mâconnais. Chacun est libre d'en boire et s'en acquitte largement, car la ville de Bourg en est inondée. Si nous recourons

à un vin extra-départemental, c'est que le Revermont se vend aussi cher que du Mâcon et qu'il ne le vaut pas. Il est bon de reconnaître que le Mâcon et le Champagne sont deux vins qu'*on récolte partout* et qu'il s'en fait un grand débit que les vignes de ces localités n'ont jamais produit.

Les vins du Bas-Bugey sont en général des vins marchands, d'une valeur médiocre ; cependant si tous les producteurs qui récoltent pour le produit abondant veillaient à des récoltes moins copieuses, mais plus fines, il y a beaucoup de leurs cantons susceptibles de faire du très-bon vin. J'ai bu chez tous les riches propriétaires du Bas-Bugey du vin de leur crû, souvent très-bon ; mais il se garde peu. Ce sont des vins de primeur, riches en bouquet agréable, et surtout très-généreux. Ceci s'applique aux vins rouges.

Les vins blancs ont, dans quelques cantons, une réputation méritée. Je citerai les clos des *Abbéanches*, de la *Sommeillère*, dans la commune d'*Ambérieu* ; ceux de Vaux, très-bons en sec. J'ajoute que ces vins là sont parfaits à boire *bourrus*, dans les bonnes années.

Dans le Haut-Bugey, il existe des vins excellens ; mais ils ne s'exportent pas, et leur juste réputation n'arrive pas jusqu'en Bresse. Il semble vraiment que ce terrible rempart aquatique de l'Ain soit un obstacle pour ces vins généreux, qui redoutent l'eau autant que les gens du pays. Mais tout bressan que je suis, cela ne m'empêchera pas de rendre aux pampres si parfumés de *Cerveirieu*, *Béon*, *Luirieu*, *Machura*, au vin de *Dom*, tout l'hommage qu'ils méritent. Virieu, blanc et rouge, occupe encore un rang très-distingué. Ce qui caractérise tous ces bons vins, c'est un bouquet parfait et leur grande facilité à se conserver 20 et 30 ans.

Malgré le préjugé ou l'ignorance du succès, qui empêche la Bresse de se pourvoir dans le Haut-Bugey, je dirai que j'ai tenté de franchir la barrière et l'espace qui nous sépare, et que j'ai fait boire, à Bourg, à des Salinois entichés de leurs vins acides et sans bouquet, de ces vins *corsés* du Haut-Bugey, et qu'ils ont été fort satisfaits de l'expérience. Je connais encore quelques Bressans *bien avisés* qui m'ont imité, et je ne désespère pas que bientôt messieurs de Belley, qui nous confient déjà leurs filles pour épouses, ne nous expédient bientôt en grand leurs bons vins de garde, pour nous faire apprécier de plus en plus les produits de leur contrée.

Les vins de hautins, à Belley même, sont sujets à la pousse dans l'année; ils sont gros en couleur, fades par conséquent, et s'emploient pour couper des vins blancs qui s'expédient à Genève.

Seyssel est le Champagne du Bugey, tout comme Gravelles est celui de la Bresse. Ces vins ont une grande analogie; ils sont très-bons à boire *bourrus*, et mis en bouteille ils moussent très-bien; offrant encore ce trait de ressemblance que leur qualité est très-variable, suivant telle ou telle bouteille: il s'en trouve à Seyssel surtout qui sont imbuvables.

Cette esquisse rapide admettrait encore bien des mentions honorables; il faudrait plus d'espace pour les enregistrer. Ceux qui connnaissent notre département et les richesses qu'il possède en vins, ne seront pas surpris de m'entendre dire qu'il est un des plus favorisés de France, si on en excepte ceux qui sont tout-à-fait hors ligne, par une réputation dès long-temps acquise. J'ai habité Belley pendant six ans, et je l'ai largement expérimenté tous les vins du pays.

7

IV.

OBSERVATIONS DE 1848.

Quelquefois, la vrillette qui tient à chaque raisin se change en grappe, de telle sorte que le raisin est accompagné d'une grappille de moitié grosse. En 1848, des ceps de Morillon noir hâtif, de Muscat noir, de Chasselas, que je cultive en treille, m'ont fréquemment offert ce résultat.

Voici un fait plus curieux : j'ai vu placé sur l'enfourchement d'une vrille huit boutons de raisins en fleur, supportés par un pédicelle ; je vais surveiller ce singulier effet de fructification. Ainsi, on le voit, la vrille se met à fruit tout aussi bien qu'un bourgeon du printemps ! Ce qui autorise à dire qu'elle n'est qu'un *raisin* avorté.

Souvent aussi la grappe du bas de chaque tige, qui est toujours la plus vigoureuse, au lieu de sortir immédiatement de l'aisselle de la branche, se trouve portée par un prolongement accompagné de quelques feuilles. C'est là un indice de grande vigueur : en 1848, plusieurs ceps m'ont offert ce phénomène.

Le raisin est sujet à diverses maladies dont on a peu parlé. Il coule d'abord quand il pleut lors de la floraison, ou par l'effet d'un froid subit de l'atmosphère. Mais il est un autre mal bien plus fort : le raisin, au lieu de fleurir, se durcit ; la capsule qui recouvre chaque embryon, et qui est destinée à être soulevée par les pétales, fait corps avec cet embryon devenu malade, et se fend par le milieu en deux coques. La grappe ainsi avortée offre un aspect rougeâtre; on croit que le raisin va fleurir; en regardant de près, on voit qu'il est atteint et qu'il ne fleurira plus. En 1848, j'ai vu un cep de *Morillon* en espalier tout paralysé ainsi.

Cette année, qui s'annonce comme excessivement abondante, sera remarquable, à ce qu'il paraît, par la fécondité des rameaux. Un cep de Chasselas en treille présente trois raisins à presque toutes ses branches.

TABLE.

—

CHAPITRE PREMIER.

CHAPITRE II.

CHAPITRE III.